世赛成果转化系列教材

机械零件的三坐标检测

（含工作页）

主　编　陈冬梅　刘新林
副主编　刘安毅　石　榴
参　编　温树彬　梁　亮　黄小锋　黄宇林

机械工业出版社

本书是根据"校企双制，工学结合"人才培养模式的要求，以岗位技能要求为标准，选取五轴机床加工典型零件为教学内容而编写的。主要内容有已有测量程序的三坐标检测、三面基准零件的手动测量、一面两圆基准零件的自动测量、轴类零件的自动测量、复杂箱体类零件的自动测量五个项目，为了完成项目实施，每个项目设有多个任务。本书以海克斯康PC-DMIS测量软件为例，由浅入深地围绕三坐标精密检测应用技能点进行讲解。

　　本书突出职业教育的特点，强调实用性和先进性，概念清晰，图文并茂，通俗易懂，还有配套的工作页，既便于组织课堂教学和实践，也便于学生自学。全书以项目为导向，采用任务式驱动的教学模式，将理论知识很好地和实践结合起来。

　　本书可作为职业院校和技工院校机械类、质量检测技术等相关专业的教材。

图书在版编目（CIP）数据

机械零件的三坐标检测：含工作页 / 陈冬梅等主编 . —北京：机械工业出版社，2023.6
世赛成果转化系列教材
ISBN 978-7-111-73407-9

Ⅰ.①机…　Ⅱ.①陈…　Ⅲ.①机械元件 – 三坐标测量机 – 检测 –
职业教育 – 教材　Ⅳ.① TH13 ② TH721

中国国家版本馆 CIP 数据核字（2023）第 113121 号

机械工业出版社（北京市百万庄大街 22 号　邮政编码 100037）
策划编辑：侯宪国　　　　　责任编辑：侯宪国　赵晓峰
责任校对：韩佳欣　王　延　　封面设计：马精明
责任印制：郜　敏
中煤（北京）印务有限公司印刷
2024 年 1 月第 1 版第 1 次印刷
184mm×260mm · 16.75 印张 · 435 千字
标准书号：ISBN 978-7-111-73407-9
定价：59.80 元（含工作页）

电话服务　　　　　　　　网络服务
客服电话：010-88361066　机 工 官 网：www.cmpbook.com
　　　　　010-88379833　机 工 官 博：weibo.com/cmp1952
　　　　　010-68326294　金 书 网：www.golden-book.com
封底无防伪标均为盗版　机工教育服务网：www.cmpedu.com

前言
FOREWORD

  随着信息化技术在现代制造业的普及和发展，三坐标检测技术已经从一种稀缺的高级技术发展为制造业工程师的必须掌握的技术，并替代传统的检测技术，成为工程师们日常保证产品质量的重要技术。中等职业教育肩负着服务社会，培训高技能人才，为企业提供优秀技能人才的重任，所以开设"机械零件的三坐标检测"这门课程是必需的。目前市面上与三坐标检测技术相关的教材及配套资源还不完善，导致市场上现有的教材不能满足"机械零件的三坐标检测"这门课程的教学需要，故开发有特色、可行性强的教材及教学资源迫在眉睫。为了更加贴近教学的实际，满足学生和企业的需求，我们召集了各方面的专家，组织了多次研讨和论证会议，并由一批具有精密检测实践经验和丰富教学经验的一线教师共同编写了这本全新的教材。

  与一般的精密检测技术类教材相比，本书摒弃了纯理论讲解，通过多年教学经验，甄选出了五个典型的教学项目，以任务驱动教学，由浅入深，循序渐进，达到知行合一，有效地做到了理论与实践相结合。每个项目都有新的技能点，每个任务中涉及的知识点，书中都采用图文并茂的形式指引操作步骤，便于学生自学和理解，学生在学完五个项目后能够独立完成简单或复杂的箱体类、轴类等机械零件的三坐标检测。

  本书在项目及任务的选取上，具有以下特色：

  1）从学生的实际社会需求出发。以企业对精密检测工作岗位的任职要求为依据，构建了基于工作过程的课程体系。按质量管理员、质量检验员等岗位对产品检测和质量控制的实际要求对课程进行了重新定位，引入典型的产品、企业常见的特征元素、先进的检测技术为教学内容。

  2）以任务为驱动，将实践与理论一体化。编排上贯彻以项目为引领、以任务为驱动、以技能训练为中心，有机地整合相关的理论知识。教材内容的编排，既要突出实践动手能力的培养，又要让学生形成清晰的知识理论框架体系，促进知识的进一步深化。

  3）任务明确，实施环节紧扣有效。每个项目的学习目标明确，在每个大的项目中，根据学生的认知特点，分项目描述、项目图样、项目分析、项目目标、项目实施五大板块。在项目实施中，包含完成该项目所要完成的若干任务，在每个任务中，按照任务完成的工作流程，环环相扣，高效地实施工作任务。本书图文并茂，操作方法和步骤与图形一一对应，实用性强，便于学生的自学与操作练习。

  4）教学内容注意加强新标准的应用。随着标准化的深入，标准的产生和更新日益加快，本书采用现行国家标准和行业标准，表达力求通俗、新颖，利于讲授和自学。

  本书中的视频由海克斯康提供，在此表示衷心感谢。

  限于篇幅及时间等因素，虽竭尽全力，但错漏仍在所难免，诚恳地期望使用本书的广大师生提出宝贵的意见和建议，使之以后更趋完善。

编 者

二维码清单

序号	名称	图形	序号	名称	图形
1	PC-DMIS 手操盒功能介绍		10	构造直线	
2	测量机组成及工作环境和保养要求		11	构造点	
3	PC-DMIS 测量机的开关机		12	构造圆	
4	PC-DMIS 界面介绍		13	构造椭圆	
5	PC-DMIS 报告输出		14	PC-DMIS 位置评价	
6	PC-DMIS 测头配置及校验		15	PC-DMIS 距离和角度评价	
7	PC-DMIS 手动测量特征		16	PC-DMIS 自动圆和圆柱的测量	
8	PC-DMIS 手动测量注意事项		17	测头的转换	
9	PC-DMIS 手动建立零件坐标系		18	旋转阵列	

（续）

序号	名称	图形	序号	名称	图形
19	平移阵列		24	圆锥与圆柱相交构造圆	
20	平面度的评价		25	测头更换架的校验步骤	
21	垂直度的评价		26	PC-DMIS 开线扫描	
22	PC-DMIS 自动圆锥和球体的测量		27	位置度的拓展介绍	
23	圆锥构造圆		28	PC-DMIS 位置度和轮廓度评价	

目录
CONTENTS

模块一

三坐标测量机的手动测量

三坐标测量是现代工业先进检测手段的代表，三坐标测量机的手动测量是三坐标操作的基础。该模块包含两个项目。项目一主要介绍三坐标测量机的基本组成、作用及维护保养；项目二主要介绍 PC-DMIS 的基本操作及命令。两个项目都是通过操纵盒或程序模式在数模上采点，所以均属于三坐标测量机的手动测量。

项目一　已有测量程序的三坐标检测

一、项目描述

学校精密测量运用中心接到一份企业产品检测订单，零件图如图 1-1 所示，数量为 100 件，对方提供三坐标的检测程序和数模，现企业要求送货，并提供三坐标检测的产品出货报告。本次的学习任务是在三坐标测量机上能正确地运行程序，并出具产品检测报告，完成本次的学习任务。

本项目建议学时：10 课时。

二、项目图样（图 1-1）

三、项目分析

本次任务是完成图 1-1 所示零件的三坐标检测工作，包括正确地起动和关闭测量机、操纵盒的使用、PC-DMIS 软件界面及常用快捷工具栏的认识、打开并运行检测程序、检测报告的输出。

分析图样，明确所要测量的尺寸，图样上标注号码的尺寸是需要在测量报告中出现的尺寸，具体见表 1-1。

四、项目目标

1）能正确说出三坐标测量机的组成、分类及常用结构形式。

2）能正确说出三坐标测量机操纵盒各按键的功能。

3）能正确操作三坐标测量机的操纵盒。

4）能正确说出三坐标测量机对工作环境的要求与维护保养方法。

5）能合理地在三坐标测量机上装夹零件。

6）能正确说出 PC-DMIS 软件界面各部分的名称及常用的快捷工具栏。

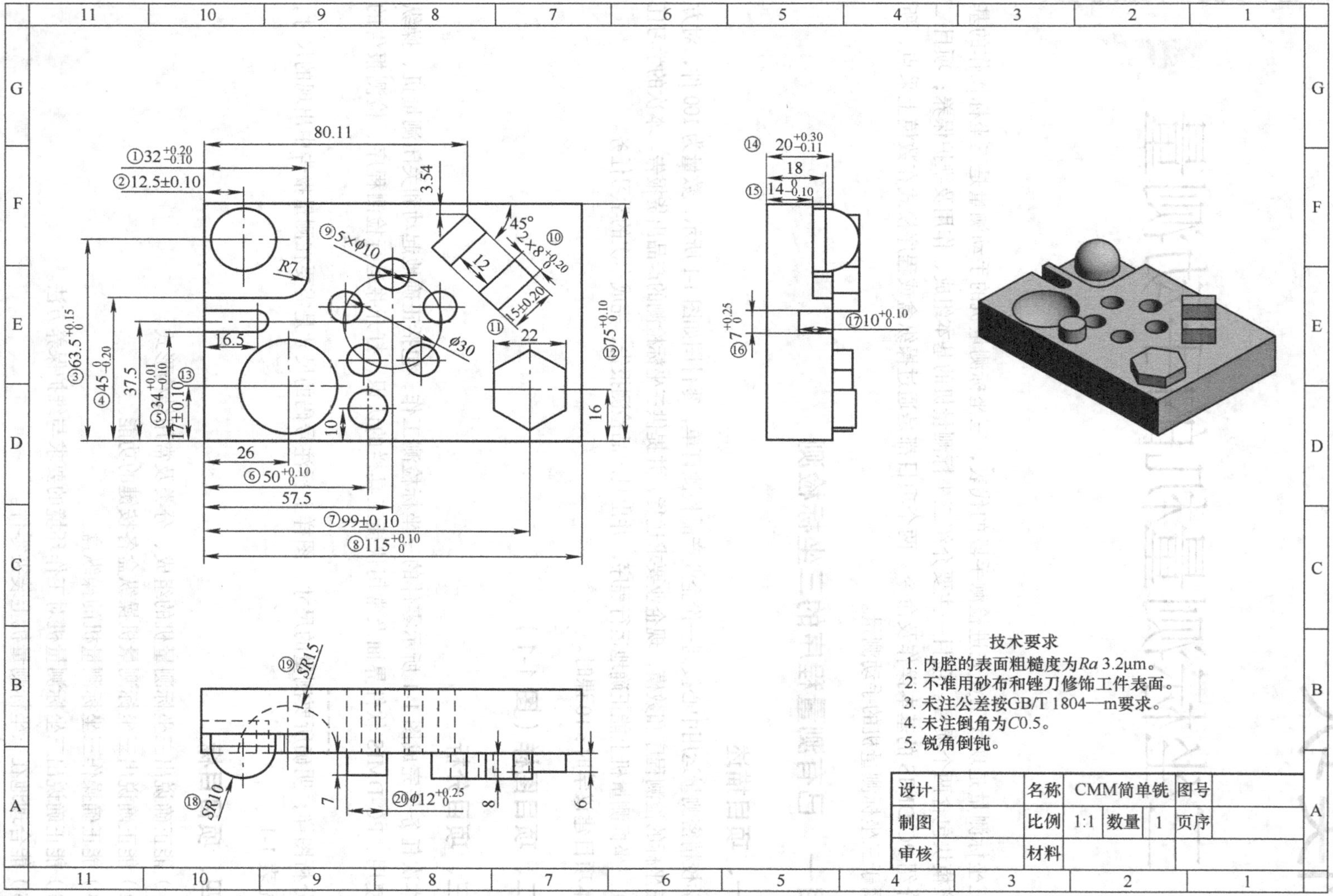

技术要求
1. 内腔的表面粗糙度为 Ra 3.2μm。
2. 不准用砂布和锉刀修饰工件表面。
3. 未注公差按GB/T 1804—m要求。
4. 未注倒角为C0.5。
5. 锐角倒钝。

名称	CMM简单铣	图号	
	比例	1:1	数量	1	页序	
			材料		
设计				
制图				
审核				

图 1-1 零件图

表 1-1 部分典型尺寸列表

序 号	项 目	尺寸 /mm	备 注
1	①	$32^{+0.20}_{+0.10}$	尺寸 2D 距离
2	②	12.5 ± 0.10	尺寸 2D 距离
3	③	$63.5^{+0.15}_{0}$	尺寸 2D 距离
4	④	$45^{0}_{-0.02}$	尺寸 2D 距离
5	⑤	$34^{+0.01}_{-0.10}$	尺寸 2D 距离
6	⑥	$50^{+0.10}_{0}$	尺寸 2D 距离
7	⑦	99 ± 0.10	尺寸 2D 距离
8	⑧	$115^{+0.10}_{0}$	尺寸 2D 距离
9	⑨	$5 \times \phi 10$	直径
10	⑩	$2 \times 8^{+0.20}_{0}$	尺寸 2D 距离
11	⑪	15 ± 0.20	尺寸 2D 距离
12	⑫	$75^{+0.10}_{0}$	尺寸 2D 距离
13	⑬	17 ± 0.10	尺寸 2D 距离
14	⑭	$20^{+0.30}_{-0.11}$	尺寸 2D 距离
15	⑮	$14^{0}_{-0.10}$	尺寸 2D 距离
16	⑯	$7^{+0.25}_{0}$	尺寸 2D 距离
17	⑰	$10^{+0.10}_{0}$	尺寸 2D 距离
18	⑱	$SR10$	球半径
19	⑲	$SR15$	球半径
20	⑳	$\phi 12^{+0.25}_{0}$	直径

7）能正确打开测量程序，并运行测量程序。

8）能正确起动和关闭三坐标测量机。

9）能正确输出文本格式的检测报告。

10）能正确说出三坐标测量机的工作原理。

11）能按照检测员的工作要求，穿好工作服。

12）在工作过程中，能对精密测量仪器进行维护保养。

五、项目实施

任务 1 三坐标测量的准备

（一）三坐标测量机的基本组成

三坐标测量机由主机、控制系统、探测系统（测头测座系统）、软件系统（测量软件）四部分组成，如图 1-2 所示。

（1）主机 测量机主机，即测量系统的机械主体，为被测零件提供相应的测量空间，并装载探测系统，按照程序要求进行测量点的采集。

（2）控制系统 控制系统在三坐标测量过程中的主要功能：读取空间坐标值，对测头信号进行实时响应与处理，控制机械系统实现测量所必需的运动，实时监测三坐标测量机的状态以保证整个系统的安全性和可靠性，有的还对三坐标测量机进行几何误差与温度误差补偿，以提高三坐标测量机的测量精度。

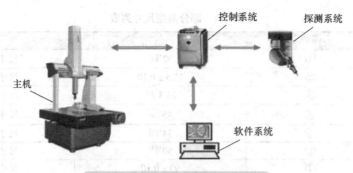

图 1-2　三坐标测量机的基本组成

（3）探测系统　探测系统由测头及其附件组成，测头是测量机探测时发送信号的装置，它可以输出开关信号，也可以输出与探针偏转角度成正比的比例信号，它是三坐标测量机的关键部件，测头精度的高低很大程度上决定了三坐标测量机的测量重复性及精度。不同零件需要选择不同功能的测头进行测量。

（4）软件系统　软件系统包括安装有测量软件（PC-DMIS）的计算机系统及辅助完成测量任务所需的打印机、绘图仪等外接电子设备。测量软件的作用是指挥三坐标测量机完成测量动作，并对测量数据进行计算和分析，最终给出测量报告。

（二）三坐标测量机的分类及常用结构形式

（1）三坐标测量机的分类

1）按机械结构与运动关系分，三坐标测量机可分为移动桥式、固定桥式、龙门式、水平臂式和关节臂式等。

2）按测量范围分，三坐标测量机可分为小型、中型和大型三类。

3）按测量精度分，三坐标测量机可分为低精度、中等精度和高精度三类。

（2）三坐标测量机常用结构形式（表 1-2）

表 1-2　三坐标测量机常用结构形式

三坐标测量机常用结构形式		图　示
移动桥式	移动桥式三坐标测量机是使用最为广泛的一种结构形式。其特点是结构简单，开敞性比较好，视野开阔，上下零件方便。运动速度快，精度比较高。有小型、中型、大型三种	
固定桥式	固定桥式三坐标测量机由于桥架固定，刚性好，动台中心驱动、中心光栅阿贝误差小，所以这种结构的三坐标测量机精度非常高，是高精度和超高精度三坐标测量机的首选结构	

（续）

三坐标测量机常用结构形式		图　示
龙门式	龙门式三坐标测量机多为大型和超大型结构，适合于航空、航天、造船行业的大型零件或大型模具的测量。一般都采用双光栅、双驱动等技术，以提高精度	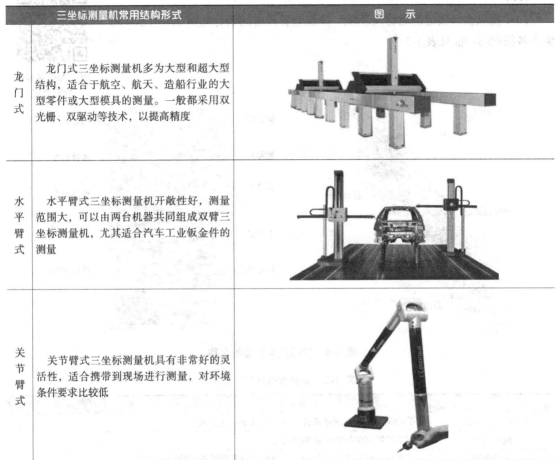
水平臂式	水平臂式三坐标测量机开敞性好，测量范围大，可以由两台机器共同组成双臂三坐标测量机，尤其适合汽车工业钣金件的测量	
关节臂式	关节臂式三坐标测量机具有非常好的灵活性，适合携带到现场进行测量，对环境条件要求比较低	

知识链接：

三坐标测量机的主机结构如图 1-3 所示。

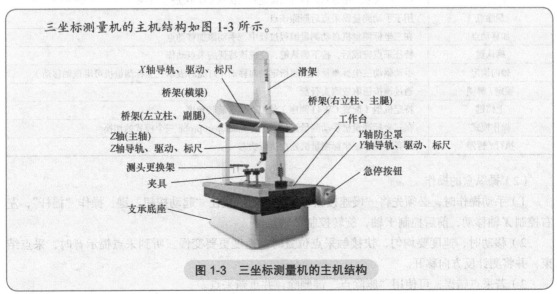

X轴导轨、驱动、标尺　　滑架
桥架（横梁）　　桥架（右立柱、主腿）
桥架（左立柱、副腿）　　工作台
Z轴（主轴）　　Y轴防尘罩
Z轴导轨、驱动、标尺　　Y轴导轨、驱动、标尺
测头更换架
夹具　　急停按钮
支承底座

图 1-3　三坐标测量机的主机结构

（三）操纵盒的介绍（以海克斯康 NJB 操纵盒为例）

（1）操纵盒各按键的名称及功能　操纵盒各按键的名称如图 1-4 所示。操纵盒各按键的功能见表 1-3。

PC-DMIS 手操盒
功能介绍

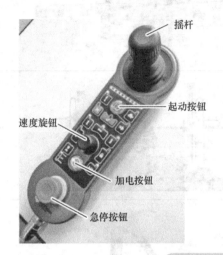

摇杆
起动按钮
速度旋钮
加电按钮
急停按钮

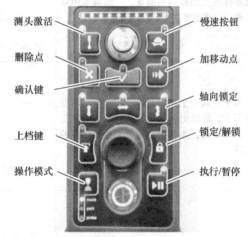

测头激活
删除点
确认键
上档键
操作模式

慢速按钮
加移动点
轴向锁定
锁定/解锁
执行/暂停

图 1-4　操纵盒各按键的名称

表 1-3　操纵盒各按键的功能

按键名称	按键功能
摇杆 + 起动按钮	手动驱动三坐标测量机进行 X、Y、Z 轴向的移动
速度旋钮	用来控制三坐标测量机的运行速度
加电按钮	三坐标测量机起动控制柜完成自检后需要按该按钮给驱动加电
急停按钮	在三坐标测量机测量过程中将要发生碰撞时，可按下该按钮
测头激活	灯亮时表示测头处在激活状态，测量过程中需要保持长亮
慢速按钮	灯亮时表示三坐标测量机进入慢速移动状态（仅手动模式有效）
删除点	用于手动测量误采点后删除该点
加移动点	在三坐标测量机自动测量编程过程中，手动添加移动点
确认键	特征采点完成后，按下确认键，完成该特征的采点动作
轴向锁定	手动驱动三坐标测量机按照指定轴向移动（灯亮时表示三坐标测量机可沿该轴移动）
锁定 / 解锁	通过该按钮取放测头吸盘
上档键	特定机型（配置 CW43 测座）使用，用于旋转角度
操作模式	在三坐标测量机手动测量过程中进行 mach/part/probe 三个模式的切换
执行 / 暂停	灯亮时表示三坐标测量机处在执行状态

（2）操纵盒的操作

1）手动操作时，必须先将"慢速按钮"按亮，然后按住"起动按钮"键，操作"摇杆"，左右控制 X 轴移动，前后控制 Y 轴，旋转控制 Z 轴。

2）移动时，速度要均匀，快接触采点位置时，速度更要变慢。听到采点提示音时，采点结束，并将测针反方向移开。

3）若采点错误，可使用"删除点"键删除，并重新采点。

（四）三坐标测量机的工作环境要求

三坐标测量机是一种高精度的检测设备，工作环境条件的好坏，对其精度的影响很大。工作环境主要包括温度、湿度、振动、气源、电源、零件清洁度和恒温等。三坐标测量机工作环境见表1-4。

测量机组成及工作环境和保养要求

表1-4 三坐标测量机工作环境

温湿度	振动
温度范围：20℃±2℃ 温度时间梯度：≤1℃/h且≤2℃/24h 温度空间梯度：≤1℃/m³ 空气相对湿度：25%~75%（推荐40%~60%） 注意：机房空调全年24h开放，不应受到太阳照射，不应靠近暖气，不应靠近进出通道，推荐根据房间大小使用相应功率的交频空调	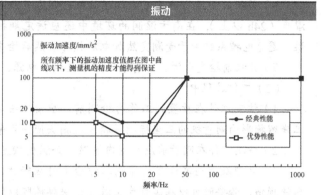 如果机床周围有大的振源，需要根据减振地基图样准备地基或配置主动减振设备
气源	电源
供气压力：>0.5MPa 耗气量：>150NI/min=2.5dm³/s （NI：标准升，代表在20℃、1个标准大气压下的1L） 含水：<6g/m³ 含油：<5mg/m³ 微粒大小：≤40μm 微粒密度：<10mg/m³ 气源的出口温度：（20±4）℃ 推荐使用空压机+前置过滤+冷冻干燥机+二级过滤	电压：交流220×（1±10%）V 电流：15A 独立专用接地线：接地电阻≤40Ω 注意：独立专用接地线不是非供电网络中的地线，而是独立专用的安全地线，以避免供电网络中的干扰与影响，建议配置稳压电源或UPS

知识链接：

三坐标测量机的维护与保养

三坐标测量机作为一种精密的测量仪器，如果其维护及保养做得及时，就能延长机器的使用寿命，并使其精度得到保证、故障率降低。为使大家更好地掌握和使用三坐标测量机，现列出三坐标测量机简单的维护及保养规程。

（1）开机前的准备

1）三坐标测量机对环境要求比较严格，应按合同要求严格控制温度及湿度。

2）三坐标测量机使用气浮轴承，理论上是永不磨损结构，但是如果气源不干净，有油、水或杂质，就会造成气浮轴承阻塞，严重时会造成气浮轴承和气浮导轨划伤，后果严重。所以每天要检查机床气源，放水放油。定期清洗过滤器及油水分离器，还应注意机床气源前级空气来源（空气压缩机或集中供气的储气罐也要定期检查）。

3）三坐标测量机的导轨加工精度很高，与空气轴承的间隙很小，如果导轨上面有灰尘或其他杂质，就容易造成气浮轴承和导轨划伤。所以每次开机前应清洁机器的导轨，金属导轨用航空汽油（120号或180号汽油）擦拭，花岗岩导轨用无水乙醇擦拭。

4）切记在保养过程中不能给任何导轨上任何性质的油脂。

5）定期给光杠、丝杠、齿条上少量防锈油。

6）若长时间没有使用三坐标测量机，则在开机前应做好准备工作：控制室内的温度和湿度（24h以上），在南方湿润的环境中还应该定期把电控柜打开，使电路板得到充分的干燥，避免电控系统由于受潮突然加电后损坏。然后检查气源、电源是否正常。

7）开机前检查电源，如有条件应配置稳压电源，定期检查接地，接地电阻小于4Ω。

（2）工作过程中

1）被测零件在放置到工作台检测前，应清洗去毛刺，防止零件表面残留的切削液及加工残留物影响测量机的三坐标测量精度及测头使用寿命。

2）被测零件在测量前应在室内恒温，若温度相差过大会影响测量精度。

3）大型及重型零件在放置到工作台上时应轻放，以避免造成剧烈碰撞，致使工作台或零件损伤，必要时可以在工作台上放置一块厚橡胶以防止碰撞。

4）小型及轻型零件放到工作台上后，应先紧固再进行测量，否则会影响测量精度。

5）在工作过程中，测座在转动时（特别是带有加长杆的情况下）一定要远离零件，以避免碰撞。

6）在工作过程中，如果发生异常响声或突然应急，切勿自行拆卸及维修，应及时与厂家联系。

（3）操作结束后

1）将Z轴移动到机器的左、前、上方，并将测头角度旋转到A90B-90。

2）工作完成后要清洁工作台面。

3）检查导轨，如有水印应及时检查过滤器。如有划伤或碰伤也应及时与供应商联系，避免造成更大损失。

4）工作结束后将机器总气源关闭。

（五）三坐标测量机上零件的装夹

（1）装夹目的和基本原则　装夹目的是保证检测零件的稳定性和可重复性，确定零件测量姿态，实现测量的准确性。对于大批量检测的情况，实现零件的重复性装夹，使三坐标测量具有相当高的效率。零件的装夹方案设计需要考虑以下几方面：

1）装夹的稳定性。

2）零件测量的可重复性。

3）数据测量方便性，需要考虑测针因素、测量特征的分布等。

4）考虑零件的变形影响（主要针对薄壁件）。

5）零件装夹设计，其夹具应满足以下要求：夹具应具有足够的精度和刚度；夹具应有可靠的定位基准；夹具应有可实现重复性装夹的夹紧装置。

（2）典型装夹方案介绍

1）用通用柔性夹具装夹。Swift-Fix夹具是具有综合测量性能的装夹系统，可用于各种不同类型零部件的装夹。通过设计标准型号的配套组件，每套夹具都包含底板座和一套标准的部件，如支架、压板、夹钳、柱塞、拉力弹簧柱等。通过各种组件的组合，可以对各种零件进行灵活装夹，如图1-5所示。

图1-5　Swift-Fix夹具装夹案例

2）用薄壁件柔性夹具装夹。近几十年来，汽车和飞机的制造商一直为大型薄壁冲压件的检测夹具而大伤脑筋，他们的梦想是用一种灵活多变的夹具来代替昂贵而复杂的专用夹具。Five Unique系统可以代替各种复杂的专用夹具，以下对这种柔性夹具做简单的介绍：

需要三坐标测量机系统控制质量的零件，一般有以下三种。

a. 冲压件：钣金冲压件、塑料仪表盘、玻璃件等。

b. 复杂零件：齿轮、涡轮叶片、凸轮等。

c. 箱体类零件：发动机箱、齿轮箱、汽车化油器等。

其中复杂零件和箱体类零件都以固有的高刚度为特性，所以它们的几何尺寸不会受装夹设备和测量空间位置的影响。相反，冲压件（也称为薄壁件）以其固有的低刚度为特性，则要求用准确的支承点装夹定位，以避免产生无法控制的结构变形。这些装夹点是一系列相关的三维空间点，对应零件的特征点。因为大多数薄壁件经过单件测量之后，还要装配到车身上，所以最好以车身位置检测。因此，夹具必须以零件最后装配时的特征点装夹，因为每个零件的特性不同，每种夹具只能对应一种零件或几种非常相似的零件。专用夹具在满足装夹需要的同时，还要保证高重复性及可快速更改（夹具已存在的情况下），但是专用夹具的局限性在于需要很长的交货期，缺乏灵活性，更改时需要较高的成本。而且，仓储压力也不容忽视（一般情况下一种零件需要有一种对应夹具）。图1-6所示是"Five U-nique"装夹车门案例，以车门位置装夹薄壁件，由此看来，柔性夹具是替代专用夹具的革新产品，它使得为一个零件而设计专用夹具的方法从此可以摒弃。

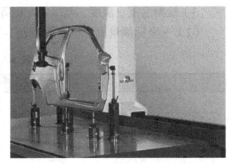

图1-6　"Five U-nique"装夹车门案例

3）发动机缸盖的装夹。发动机缸盖的材料多为铝材，结构复杂而且有较高的加工、检测精度要求，但是从总体外观来看大体上是一个立方体，所以测量时可以分为六个面进行，那么设计专用夹具时必须保证一次装夹后能兼顾到六个面上所有特征的定位和测量，避免二次装夹影响测量效率和测量精度。图1-7所示为某型号汽车发动机缸盖的装夹方案，在满足定位精度的情况下有效地保证了各个面上特征的无干涉测量，更换料只需简单几步即可，大大节省了测量时间。

4）回转体类零件的装夹。回转体类零件最常用的夹具组合是V形架（或V形块），如图1-8所示。

图1-7 发动机缸盖的装夹方案

图1-8 回转体类零件的装夹方案

为了保持V形块装夹的稳定性，该装夹方案采用两端支承的方式。由于数控车零件多段外圆柱的直径都不相同，因此这里采用了一端V形块固定，另外一端V形块高度可调的设计方案。在放置好零件后调整可调端高度，直至零件不可晃动，并能依靠自重保持稳定。

任务2 程序的运行及报告输出

（一）三坐标测量机开机

（1）开机前的准备工作

1）检测机器的外观及机器导轨是否有障碍物。

2）对导轨及工作台进行清洁。

3）检测温度、湿度、气压、配电等是否符合要求。

PC-DMIS
测量机的开关机

（2）三坐标测量机开机步骤（表1-5）

表1-5 三坐标测量机开机步骤

三坐标测量机开机步骤	开机图示
1）旋转气源开关打开气源（气压表指针在右图所示框内为合格）	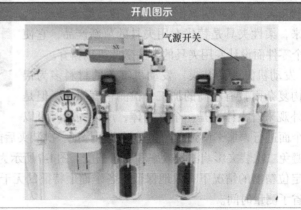

（续）

三坐标测量机开机步骤	开机图示
2）开启控制柜电源，系统进入自检状态（操纵盒所有指示灯全亮），开启计算机电源	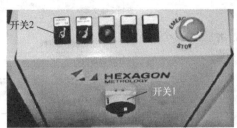  DC 800控制柜　　　　　　UMP360控制柜   DC 240控制柜　　　　　DC 241控制柜
3）系统自检完毕后（操纵盒部分指示灯灭），长按"加电按钮"2s给驱动加电	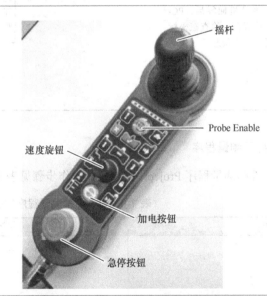
4）启动 PC-DMIS 软件，三坐标测量机进行回零（回家）点过程，使用管理员权限打开软件	

（续）

三坐标测量机开机步骤	开机图示
5）选择该零件的测头文件，若当前无配置的测头，则选择"未连接测头"	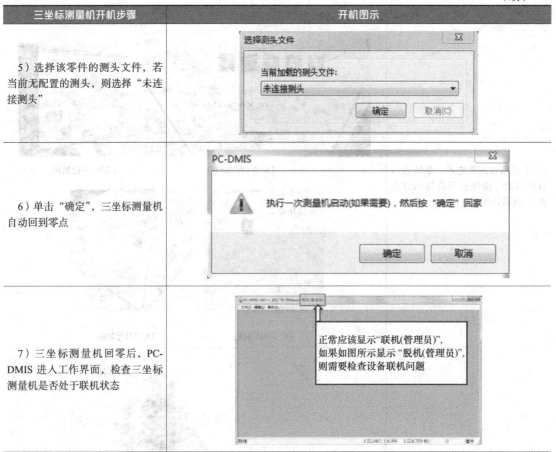
6）单击"确定"，三坐标测量机自动回到零点	
7）三坐标测量机回零后，PC-DMIS 进入工作界面，检查三坐标测量机是否处于联机状态	正常应该显示"联机(管理员)"，如果如图所示显示"脱机(管理员)"，则需要检查设备联机问题

（二）打开测量程序

打开零件的测量程序 Project_1.prg，其操作步骤见表 1-6。

表 1-6　打开零件测量程序的操作步骤

软件操作步骤	操作过程图示
1）单击"文件"按钮，在下拉菜单中选择"打开"	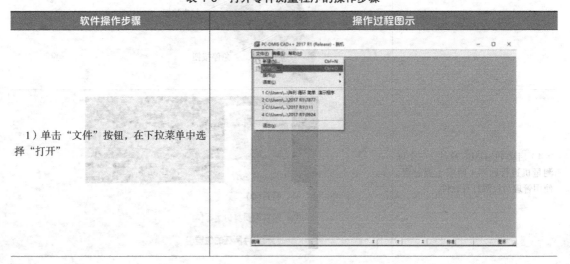

（续）

软件操作步骤	操作过程图示
2）在弹出的新窗口中选择"Project_1.prg"程序文件，单击"打开"按钮	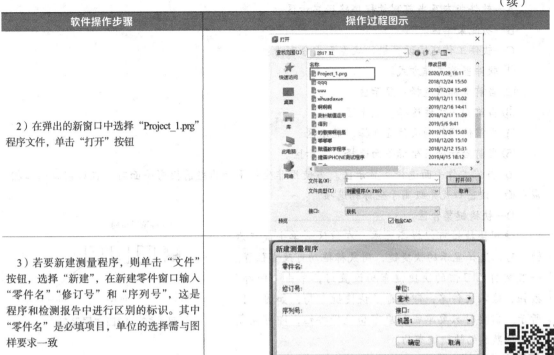
3）若要新建测量程序，则单击"文件"按钮，选择"新建"，在新建零件窗口输入"零件名""修订号"和"序列号"，这是程序和检测报告中进行区别的标识。其中"零件名"是必填项，单位的选择需与图样要求一致	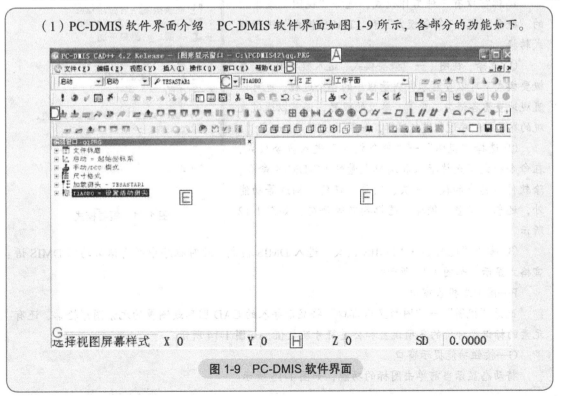

知识链接：

PC-DMIS 界面介绍

（1）PC-DMIS 软件界面介绍　PC-DMIS 软件界面如图 1-9 所示，各部分的功能如下。

图 1-9　PC-DMIS 软件界面

A—软件版本及当前测量程序路径显示区。

B—功能菜单区。

C—软件工作环境设置栏。从左至右分别为：

① 软件当前工作方式。

② 当前坐标系选择、显示区。

③ 当前测头文件选择、显示区。

④ 当前使用的测头位置选择、显示区。

⑤ 当前坐标轴及坐标平面选择、显示区。

⑥ 当前工作平面选择、显示区。当使用非坐标平面为当前投影平面时，在该窗口选择相应平面。该窗口优先级高于坐标轴选项。

D—快捷键集合区。

使用快捷键可以提高效率。在该区域单击鼠标右键，可以选择显示的快捷键，用鼠标拖动可改变位置。一般把自己习惯的快捷键布局设置好，单击"保存"按钮，输入文件名，即保存了快捷键布局，如图1-10所示。需要时只要单击相应布局选择按钮，即可恢复到自己熟悉的快捷键布局。

E—编辑窗口。

编辑窗口可以在"视图"菜单中选择打开或关闭。编辑窗口可以浮动，也可以停靠在窗口的任何位置。

编辑窗口有三种工作模式，选择"视图"菜单中的"概要模式""命令模式"和"DMIS模式"进行模式转换。

① 选择"视图"→"概要模式"进入概要模式，在概要模式下可以查看零件测量程序的整个过程，也可以直观地查看各语句、变量、参数的设置，还可以通过直观的界面对程序过程进行编辑，如图1-11所示。

② 选择"视图"→"命令模式"进入命令模式，在命令模式下允许插入和编辑大量的PC-DMIS命令，除软件所具有的校正测头、测量、评价、构造等功能外，还包括变量、循环、逻辑判断等语句，如图1-12所示。

③ 选择"视图"→"DMIS模式"进入DMIS模式，此时程序中所有语句均以DMIS语言格式显示，如图1-13所示。

F—图形或报告窗口。

选择"视图"→"图形显示窗口"将显示导入的CAD图形或测量的元素图形轮廓，还有元素的标识、评价的各项误差和公差符号及数值，如图1-14所示。

G—按钮功能提示窗口。

将动态显示当前单击图标的功能，如图1-15所示。

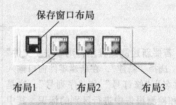

图1-10 窗口布局保存

图1-11 概要模式

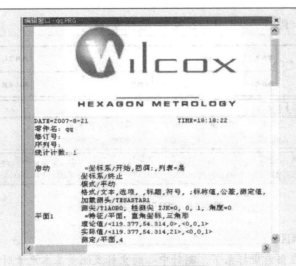

图 1-12　命令模式

图 1-13　DMIS 模式

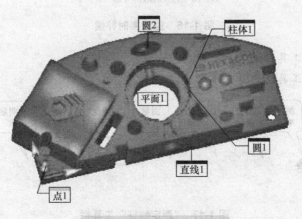

图 1-14　图形或报告窗口

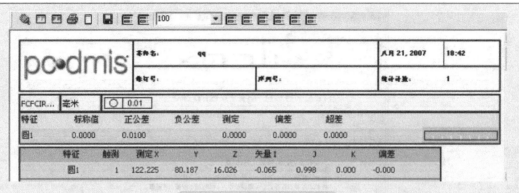

图 1-15　按钮功能提示窗口

H—测头位置显示区。

该区域显示的是在当前坐标系下，测针中心的坐标及测量基本元素时的形状误差。

在有温度实时补偿功能时，还显示各传感器的实时温度。温度实时补偿如图 1-16 所示。（加入温度补偿语句："插入"→"参数更改"→"温度补偿"）。

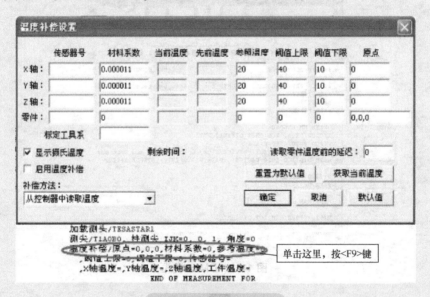

图 1-16　温度实时补偿

（2）常用的快捷工具栏介绍

1）"测定特征"工具栏如图 1-17 所示。

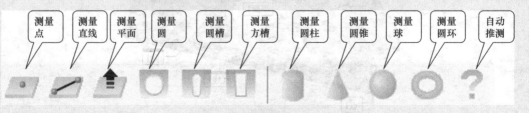

图 1-17　"测定特征"工具栏

2）"测头模式"工具栏如图 1-18 所示。

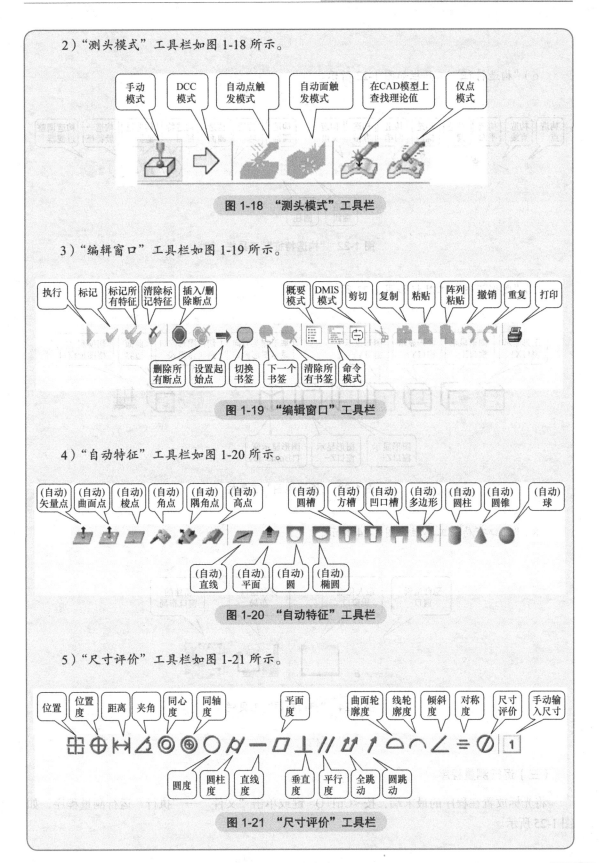

图 1-18 "测头模式"工具栏

3）"编辑窗口"工具栏如图 1-19 所示。

图 1-19 "编辑窗口"工具栏

4）"自动特征"工具栏如图 1-20 所示。

图 1-20 "自动特征"工具栏

5）"尺寸评价"工具栏如图 1-21 所示。

图 1-21 "尺寸评价"工具栏

6）"构造特征"工具栏如图1-22所示。

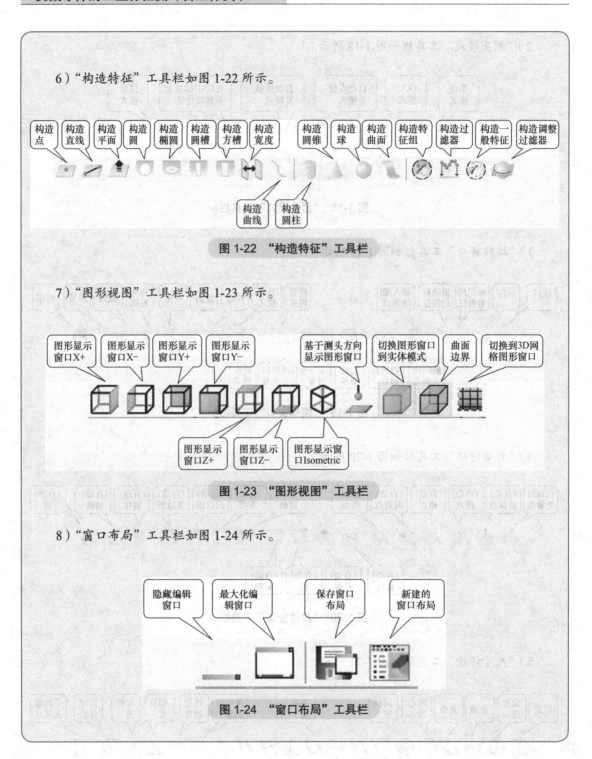

图1-22 "构造特征"工具栏

7）"图形视图"工具栏如图1-23所示。

图1-23 "图形视图"工具栏

8）"窗口布局"工具栏如图1-24所示。

图1-24 "窗口布局"工具栏

（三）运行测量程序

将光标放置在程序的最末端，按<Ctrl+Q>键或单击"文件"→"执行"运行测量程序，如图1-25所示。

图 1-25　运行测量程序

知识链接：

（1）三坐标测量机的基本原理　将被测零件放入三坐标测量机允许的测量空间，精确地测出被测零件表面的点在空间三个坐标位置的数值，将这些点的坐标数值经过计算机处理，拟合形成测量元素，如平面、直线、圆、圆柱、圆锥等，再通过数学计算的方法得出其形状、位置公差及其他几何量数据。

（2）测量程序的三种快捷键运行方式

·Ctrl+Q：从头开始执行测量程序。

·Ctrl+U：从光标停靠位置开始执行程序。

·Ctrl+E：执行选中的程序。

（四）输出文本格式的检测报告

文本格式检测报告输出操作步骤见表 1-7。

表 1-7　文本格式检测报告输出操作步骤

输出操作步骤	操作过程图示
1）通过"文件"→"打印"→"报告窗口打印设置"进入报告输出设置页面	

（续）

输出操作步骤	操作过程图示
2）在"输出配置"界面切换为"报告"窗口（默认）；勾选"报告输出"前的复选按钮；方式选择"自动"，输出格式选择"丰富文本格式（RTF）"，输出选项选择"打印背景色"	**输出配置** 报告　DMIS　Excel ☑报告输出: C:\Users\Public\Documents\Hexagon\PC-DMIS\2017 R1\Project_1 ○附加　　　○提示 ○替代　　　●自动　　　索引: 1 **RTF** ●丰富文本格式 (RTF) **PDF** ○可移植文档格式 (PDF) 输出选项 □打印机　　　　　　　　副本: 1 ☑打印背景色 □黑白打印 □显示报告
3）按<Ctrl+Tab>键切换至"报告"窗口，单击"打印报告"按钮，在默认路径"C:\Users\Public\Documents\Hexagon\PC-DMIS\2017R1\Project_1"下生成检测报告	 PC-DMIS 报告输出

知识链接：

检测报告输出方式详解如下：

（1）附加（Append） PC-DMIS 将当前的报告数据添加至选定的文件。注意，操作者必须指定完整路径，否则 PC-DMIS 将报告存放在与测量程序相同的目录中。此外，若不存在该文件，生成报告时将创建该文件。

（2）提示（Prompt） 程序执行完毕后，显示"另存为"对话框，通过此对话框可选择报告保存的具体路径。

（3）替换（Overwrite） PC-DMIS 将以当前的检测报告数据覆盖所选文件。

（4）自动（Auto） PC-DMIS 使用索引框中的数值自动生成报告文件名，所生成文件名与测量程序的名称相同，但会附加数字索引和扩展名。此外，生成的文件与测量程序位于同一目录。若与生成的文件存在同名文件，则自动选项将递增索引值，直至找到唯一文件名。

（5）背景色打印 勾选与不勾选"打印背景色"复选按钮结果对比如图 1-26 所示。

勾选"打印背景色"　　　　　　　　　不勾选"打印背景色"

图 1-26　勾选与不勾选"打印背景色"复选按钮结果对比

（五）三坐标测量机关机

三坐标测量机关机操作步骤如下：

1）将测头移动到安全的位置和高度，以避免造成意外碰撞，如将测头移动到机器的左、前、上位置，即将测头旋转到 A90B-90，如图 1-27 所示。

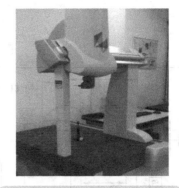

2）退出 PC-DMIS 软件，关闭控制系统电源和测座控制器电源。

3）关闭计算机，关闭气源。

图 1-27　三坐标测量机关机位置

项目二　三面基准零件的手动测量

一、项目描述

学校数控系产学研组接到一批企业产品订单，零件图如图 1-28 所示，数量为 500 件，产品已经加工完成。现企业要求送货，并提供三坐标检测的产品出货报告。本次的学习任务是根据生产部门提供的 CAD 模型，利用机器的操纵盒和测量软件中的"程序模式"进行采点编程，完成本次的学习任务。

本项目建议学时：30 课时。

二、项目图样（图 1-28）

三、项目分析

本次任务是完成图 1-28 所示零件的手动测量工作，即包括正确配置测头并校验、3-2-1 法手动建立零件坐标系、手动测量几何特征、运行测量程序、公差评价及输出测量报告。

1）通过分析图样，明确所要测量的尺寸，通过讲解部分典型尺寸的测量来完成任务的要求，部分典型尺寸见表 1-8，这些尺寸是需要在测量报告中出现的尺寸。

2）配置测头文件和测头角度。根据测量零件的几何特征尺寸、位置，配置合适的测针文件和测头角度。

测针可配置：4BY40，测头角度可用：A0B0、A90B-90。

3）测量规划如下：

① 新建零件程序、校验测头。

② 手动粗建坐标系（面 - 线 - 点）。

③ 自动精建坐标系（面 - 面 - 面或面 - 线 - 线）。

④ 测量上表面的几何特征（从左往右），工作平面：Z+。

⑤ 测量左表面的几何特征，工作平面：X-。

⑥ 生成路径线，碰撞测试。

⑦ 尺寸评价。

⑧ 程序自动运行。

⑨ 输出测量报告。

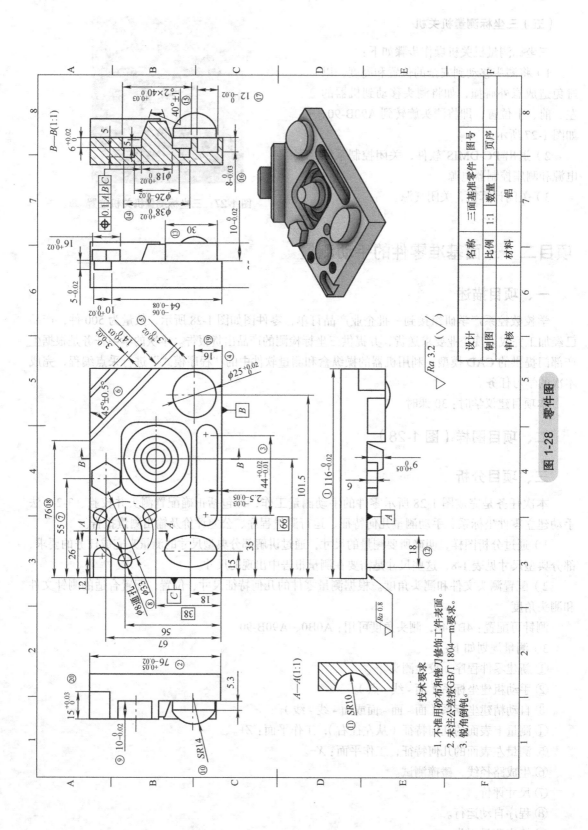

图 1-28 零件图

技术要求
1. 不准用砂布和锉刀修饰工件表面。
2. 未注公差按GB/T 1804—m要求。
3. 锐角倒钝。

表 1-8 部分典型尺寸列表

序 号	项 目	尺寸 /mm	备 注
1	①	$116_{-0.02}^{0}$	尺寸 2D 距离
2	②	$76_{-0.02}^{+0.05}$	尺寸 2D 距离
3	③	$44_{-0.01}^{+0.02}$	尺寸 2D 距离
4	④	$\phi 25_{0}^{+0.02}$	直径
5	⑤	$3_{0}^{+0.02}$	尺寸 2D 距离
6	⑥	$45° \pm 0.5°$	尺寸 2D 角度
7	⑦	55	尺寸 2D 距离
8	⑧	$\phi 33$	直径
9	⑨	$10_{-0.02}^{0}$	尺寸 2D 距离
10	⑩	$SR14$	球半径
11	⑪	$SR10$	球半径
12	⑫	18	尺寸 2D 距离
13	⑬	30	尺寸 2D 距离
14	⑭	$\phi 38_{0}^{+0.02}$	直径
15	⑮	$40° \pm 1°$	锥角
16	⑯	$8_{-0.03}^{0}$	尺寸 2D 距离
17	⑰	$12_{-0.02}^{0}$	尺寸 2D 距离
18	⑱	76	尺寸 2D 距离
19	⑲	16	尺寸 2D 距离
20	⑳	$15_{0}^{+0.03}$	尺寸 2D 距离

四、项目目标

1）能根据实际测量需要，合理配置测头文件并能对其进行校验。

2）能正确导入 CAD 模型并对模型的坐标系进行相关的转换。

3）能根据 3-2-1 法中的面、线、点创建零件坐标系。

4）能手动测量点、线、面、圆、圆柱、圆锥、球、椭圆等特征。

5）能根据实际情况合理设置运动参数并会运用碰撞测试检验程序的正确性。

6）能根据表 1-8 部分典型尺寸列表的要求完成特征位置、距离、角度的评价。

7）能正确输出文本格式的检测报告。

8）能按照检测员的工作要求，穿好工作服。

9）在工作过程中，能对精密测量仪器进行维护保养。

五、项目实施

任务 1 测头的选择及校验

根据测量的几何特征尺寸及位置，配置合适的测针文件和测头角度。通过分析图样，测头配置如下：

1）测座：TESASTAR-M。

2）转接：TESA TMA（可省略）。

3）传感器：TESASTAR-P。

PC-DMIS
测头配置及校验

4）加长杆：EXTEN20MM（可省略）。

5）测针：TIP4BY20MM。

（一）测头组件和典型配置

一套常见的、完整的测头系统（探测系统）包括测座、转接、传感器、加长杆、测针（又称探针），如图1-29所示。测头组件及参数设置见表1-9。

（二）新建一个测头文件

以TIP4BY20MM为测头文件名，新建一个测头文件，其操作步骤见表1-10。根据对应的设备按照测头工具框配置好每个组件。

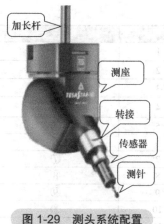

图1-29　测头系统配置

表1-9　测头组件及参数设置

测头组件及参数设置	测头组件图示
测座的选择 旋转式测座：分为自动式测座和手动式测座，手动测座的分度一般为15°，自动式测座的分度有7.5°、5°、2.5°以及无极的，使用前应仔细阅读用户手册，了解加长杆的承载能力。测座俯仰抬高方向为A角，围绕主轴自转方向为B角	自动式测座　　手动式测座 A角　B角 −180° +180° −115° +90° +90° −90° 0° 0°
固定式测座：需要高精度、长测针时，选择固定式测座（测头），使用时通过配置测针组合来实现复杂角度的测量，其灵活性不如旋转式测座，但测量精度高，而且通常与扫描式测头一体，可用于连续扫描	
传感器的选择 传感器也俗称"测头"，测量方式分为接触式触发测量、接触式连续扫描测量以及非接触式光学测量。实际应用中，根据零件测量的范围、条件、灵活性和应用，选择合适的测量方式完成零件的测量 1）触发测头：一般应用在只测尺寸、位置要素的情况下	a) 触发测头

（续）

测头组件及参数设置	测头组件图示
传感器的选择	2）扫描测头：该测头的精度更高，接加长杆的能力更强。在对形状及轮廓精度要求较高的情况下选用  b) 扫描测头 3）光学测头：多用于测量易变形零件、精度不高零件、要求超大量测量数据零件  c) 光学测头
测针的选择	目前，测针的种类很多，有各种不同结构形状及不同材料的测针，如图a~c所示。因此在选用测针时，要注意以下几点： 1）在满足测量要求的前提下，应尽量选择较短的测针，因为测量时测针的弯曲越大，偏移越大，测量的重复精度就越低 2）尽量减少接头，每增加一个测针与测针杆的连接，便增加了一个潜在的弯曲和变形点 3）测针的直径必须小于测端直径，在不发生干涉的条件下，应尽量选择大直径测针和大直径测端。选用大直径测针和大直径测端，一方面可以减小加工表面缺陷对测量精度的影响，增大测针的有效工作长度；另一方面可以减少测针杆先触碰所引起的误触发 4）测针材料的选择：碳化钨刚性最强，但比较重；碳纤维、陶瓷刚性强且重量轻，常用于制做长测针或加长杆 5）测尖材料的选择：人造红宝石最常见，常用于触发测量或低强度连续扫描测量	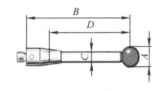 A—测球直径 B—测针总长度 C—测杆直径 D—有效工作长度 a) 测针结构  球型测针　星型测针　柱型测针　盘型测针 b) 常见测针 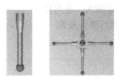 红宝石 氮化硅  陶瓷  金刚石 c) 测尖材料

表 1-10　新建一个测头文件操作步骤

软件操作步骤	操作过程图示
1. 打开测头工具框 　　在测量新零件时，进入测量软件后，软件会自动弹出测头工具框，如右图所示。也可以从"插入"→"硬件定义"→"测头"菜单中进入测头工具框；还可以把光标放在程序的测头文件语句处，按 <F9> 键，调出测头工具框	
2. 定义测头文件名 　　PC-DMIS 的测头以文件的形式管理，每进行一次测头配置，都要用一个测头文件来区别。文件名在测头工具框的"测头文件"处输入，也可以在该处选择已使用过的测头文件进行测头校验	
3. 定义测座 　　为了完成测头文件每个组件的配置，从机器 Z 轴底端到测针之间的每个部分都需要定义。一套标准的测头系统由测座、（转接）、传感器、（加长杆）和测针组成，实际配置取决于当前机器加载的测头组件。用鼠标单击未定义测头的提示语句，在"测头说明"的下拉菜单中选择使用的测座型号（如 TESASTAR-M），在右侧窗口中会出现该型号的测座图形	

（续）

软件操作步骤	操作过程图示
4. 定义转接（可无） 测座定义完成后，继续从下拉菜单中选择测座与传感器之间的转接件（如 TESA-TMA）	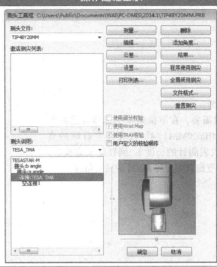
5. 定义传感器 根据设备的测头配置，选择相应传感器型号如 TESASTAR-P	
6. 定义加长杆（可无） 传感器定义完成后，根据零件测量尺寸的需求，如果需要添加加长杆，则继续从下拉菜单中选择加长杆，如右图所示。如果不需要添加加长杆，则可省略此步骤，直接定义测针	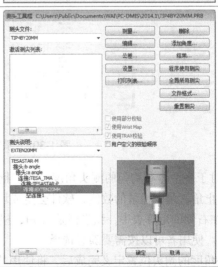

（续）

软件操作步骤	操作过程图示
7.定义测针 根据测量需要，在下拉菜单中选择合适的测针，如TIP4BY20MM（"4"代表红宝石球的直径，"20"代表测针的长度）。测针定义完成后，会在测头角度窗口中出现A0B0的测头角度	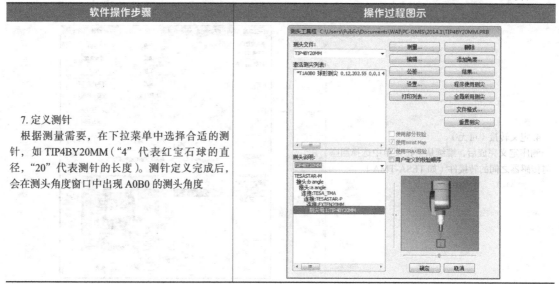

（三）添加测头角度

如果需要添加测头角度，则在测头工具框中单击"添加角度"按钮，即出现"添加新角"对话框，如图1-30所示。根据图样分析，本任务可配置的测头角度有A0B0、A90B-90两个。PC-DMIS有以下三种添加测头角度的方法：

1）对于单个测头位置角度，在"添加单个角度"下的文本框中输入A角B角的值。

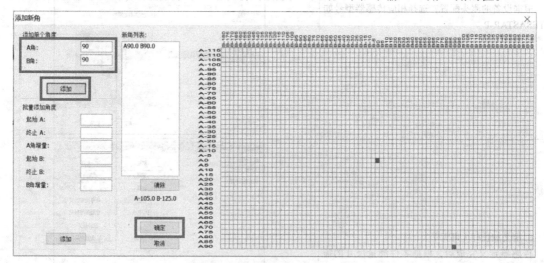

图1-30 "添加新角"对话框

2）对于多个分布均匀的测头角度，在"批量添加角度"下的文本框中输入A、B方向的起始角、终止角、角度增量的数值，软件会生成均匀角度。

3）在右侧的矩阵表中，纵坐标是A角，横坐标是B角，其间隔是当前定义测座可以旋转的最小角度。使用者可以按需要随意选择。

这些角度的测头位置定义完成后，将使用其A角和B角的角度值来命名，例如A0B0。

（四）校验测针

校验测针操作步骤见表1-11。

表1-11　校验测针操作步骤

软件操作步骤	操作过程图示
1. 定义测头校验参数 　　测头定义完成后，在标准球上进行直径和位置的校验。单击测头工作框的"测量"按钮，弹出"校验测头"对话框，如右图a所示，参数设置可参照如下： 　　（1）测点数　校验时测量标准球的采点数，缺省值为5点，推荐值为9~13点 　　（2）逼近/回退距离　测头触测或回退时速度转换点的位置，可以根据情况设置，一般为2~5mm，如图b所示 　　（3）移动速度　测量时位置间的运动速度，一般采用20% 　　（4）接触速度　测头接触标准球时的速度，一般采用2% 　　（5）控制方式　一般采用DCC方式 　　（6）操作类型　选择校验测尖 　　（7）校验模式　一般应采用用户定义，在采点数为9~12点时，层数应选择3层，起始角和终止角分别为"0°"和"90°"，如图c所示。对特殊测针校验时，起始角、终止角要进行必要的调整	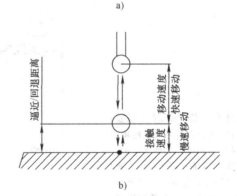 a) b) 校验模式: 选择用户定义 层数: 3层 起始角: 0° 终止角: 90° 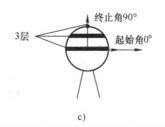 c)

（续）

软件操作步骤	操作过程图示
2. 设置标准球 单击"校验测头"对话框中的"添加工具"按钮，弹出"添加工具"对话框，如右图所示。在"工具标识"文本框中添加 sphere1，在"支撑矢量"文本框中输入标准球的支撑矢量（指向标准球），在"直径/长度"文本框中输入标准球检定证书上标注的实际直径值，最后单击"确定"按钮即可	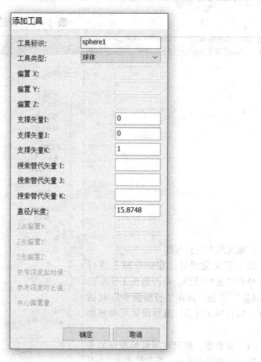
3. 校验测头 所有新建的测针都是无数据的，需要用标准球进行校正补偿后才可以使用，否则触测的结果不准确。如图 a 所示，每一个测针前面都带有 * 号。选中"激活测尖列表"中的所有测针，再单击"测量"按钮，校验完后"激活测针列表"中的 * 号将消除，如图 b 所示 在校验测头设置完成后，单击"测量"按钮，在单击"测量"按钮前，需要使用操纵盒把测头抬高，以确保避开障碍物	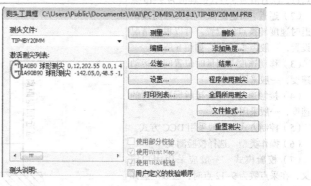 a) b)

（续）

软件操作步骤	操作过程图示
	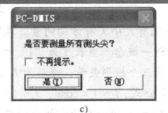 c)
4. 如果单击"测量"按钮前没有选择要校验的测针，则 PC-DMIS 会出现提示窗口，如图 c 所示。若不是要校验全部测针，则单击"否"，选择要校验的测针后，重复以上步骤。若确实要校验全部测针，则单击"是"。在操作者选择了要校验的测针后，PC-DMIS 会弹出图 d 所示的警告窗口，警告操作者测座将旋转到 A0B0 角度，这时操作者应检查测头旋转后是否与零件或其他物体相干涉，及时采取措施。同时要确认标准球是否被移动。如果是第一次校验，即需要选择"是 - 手动采点定位工具"，即需要操作者持操纵盒在标准球的最高处采一个点，如图 e 所示；如果是重新校验且标准球没有移动，则单击"否"，PC-DMIS 会根据最后一次记忆的标准球位置自动进行所有测头位置的校验	**标定工具已移动** 标定工具是否已经被移动或测量机零点被更改？ 相对于上次已知位置，在移动距离非常小的情况下，可能不需要在DCC模式中手动采取一个点。 对于新定义的工具或比较大的位置变化，则需要重新手动采一点以定位。 ○ 否(N) ● 是 - 手动采点定位工具(M) ○ 是 - DCC采点定位工具(D) 确定 d)
	最高点 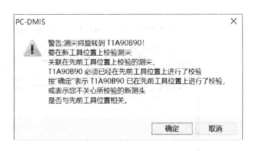 e)
5. 如果单击"是"，则 PC-DMIS 还会弹出另一个警告窗口，如图 f 所示，提示操作者如果校验的测针与前面校验的测针相关，应该用前面标准球位置校验过的一号测针或已经在前一个标准球位置校验过的，本次校验的第一个测针优先校验，以使它们互相关联。单击"确定"后，操作者使用操纵盒控制三坐标测量机用测针在标准球与测针正对的最高点处触测一点，三坐标测量机会自动按照设置进行全部测针的校验 若操作者需要指定测针校验顺序，则在测头功能窗口中勾选"用户定义的校验顺序"前的复选按钮，单击第一个要校验的测针，然后在按 <shift> 键的情况下顺序单击其他测针，在定义的测针前面就会出现顺序编号，系统会自动按照操作者指定的顺序校验测针	PC-DMIS ⚠ 警告:测尖将旋转到 T1A90B90！ 要在新工具位置上校验测尖 关联在先前工具位置上校验的测尖， T1A90B90 必须已在先前工具位置上进行了校验 按"确定"表示 T1A90B90 已在先前工具位置上进行了校验， 或表示您不关心所校验的新测头 是否与先前工具位置相关。 确定 取消 f)

知识链接：

矢量

矢量是一种既有大小又有方向的量。在测量时，为了表示被测元素在空间坐标系中的方向，故引入矢量这一概念。当长度为"1"的空间矢量投影到空间坐标系的 X、Y、Z 三个坐标轴上时，相对应有三个投影矢量，分别为 I、J、K。投影矢量的计算公式：$I = 1 \times \cos\alpha$，$J = 1 \times \cos\beta$，$K = 1 \times \cos\gamma$，其中 α、β、γ 分别为空间矢量与 X、Y、Z 三个轴的夹角，实际计算时通常都省略掉前面的"$1 \times$"。所以矢量方向 I、J、K 通常也描述为矢量与相应坐标轴夹角的余弦，如图 1-31 所示。当空间矢量相对坐标系的方向发生改变时，其投影在坐标轴上的投影矢量的数值也发生相应的变化，即投影矢量的数值反映了空间矢量在空间坐标系中的方向。表 1-12 和表 1-13 所列分别为六平面的矢量方向值及常用角度余弦值。

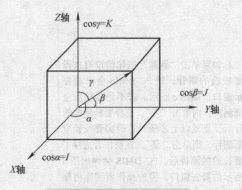

图 1-31　三维空间矢量图

表 1-12　六平面的矢量方向值

六平面	矢量方向
$X+$	1, 0, 0
$X-$	−1, 0, 0
$Y+$	0, 1, 0
$Y-$	0, −1, 0
$Z+$	0, 0, 1
$Z-$	0, 0, −1

表 1-13　常用角度余弦值

常用角度	余弦值
$\cos 0°$	1
$\cos 30°$	0.866
$\cos 45°$	0.707
$\cos 60°$	0.5
$\cos 90°$	0

（五）查看校验结果

测头校验后，单击测头工作框的"结果"按钮，弹出"校验结果"对话框，如图 1-32 所示。

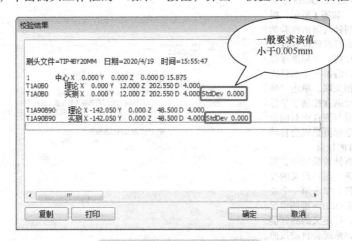

图 1-32　"校验结果"对话框

在"校验结果"对话框中，理论值是在测头定义时输入的值，实测值是校验后得出的校验结果。其中"X、Y、Z"是测针的实际位置，由于这些位置与测座的旋转中心有关，所以它们与理论值的差别不影响测量精度。"D"是测针校验后的等效直径，由于测点延迟的原因，这个值要比理论值小，它与测量速度、测针的长度、测杆的弯曲变形等有关，在不同情况下会有区别，但在同等条件下，相对稳定。"StdDev"是本次校验的形状误差，从某种意义上反映了校验的精度，这个误差越小越好。如果结果显示"StdDev"的值不能满足测量的要求，则应该检查测针是否松动或用酒精重新擦拭标准球和红宝石球，再次重复以上步骤，重新对测针进行校验。

知识拓展

当校验结果偏大时，应检查以下几个方面：

1）测针配置是否超长或超重或刚性太差（测力太大或测杆太细或连接太多）。

2）测头组件或标准球是否连接或固定牢固。

3）测尖或标准球是否清洁干净，是否有磨损或破损。

什么时候需要重新校验测头?

1）测量系统发生碰撞：使用的测针角度需要全部校验。

2）测头部分更换测针或重新旋紧：此时的测针角度需要全部校验。

3）增加新角度：先校验参考测针"A0B0"，再校验新添加的角度。

知识链接：

测头校验的目的

测头是三坐标测量机数据采集的重要部件。测头与零件接触主要通过装配在测头上的测针来完成。三坐标测量机在测量零件时，是用测针的宝石球与被测零件表面接触，接触点与系统传输的宝石球中心点的坐标相差一个宝石球的半径，测头校验的第一个目的是通过校验得到测针的半径值，以对测量结果进行修正。

在测量过程中，往往要通过不同测头角度、长度和直径不同的测针组合测量元素，以得到所需要的测量结果。测头校验的第二个目的是通过校验得出不同测头角度之间的位置关系。

在经校准的标准球上校验测头时，测头校验原理如图1-33所示，测量软件首先用测量系统传送的坐标（宝石球中心点坐标）拟合计算一个球，计算出拟合球的直径和标准球球心的点坐标。这个拟合球的直径减去标准球的直径，就是被校正的测针的等效直径。由于测点时各种原因，造成一定的延迟，会使校验出的测针直径小于该测针宝石球的名义直径，因此称为"等效直径"。该等效直径正好抵消测量零件时的测点延迟误差。

校验时测针和标准球要保持清洁。测针、传感器、测座等包括标准球都要固定牢固，不能有丝毫间隙。测头校验的速度要与测量时的速度保持一致。

每次对测座、传感器、测针拆卸操作后都要重新对使用的所有测头位置进行校验。平时在使用过程中为减少环境变化对测头的影响，要定期进行校验。

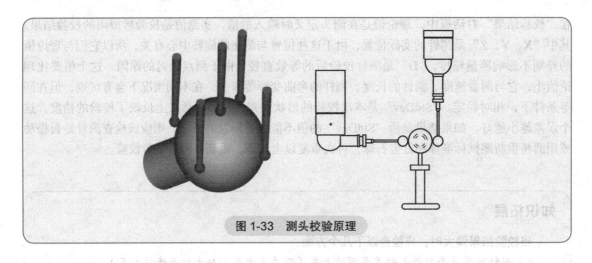

图 1-33　测头校验原理

任务 2　CAD 模型的相关操作

在生产实践中，PC-DMIS 软件被业内广泛应用，为了适应不同的工作环境，导入命令时允许导入包含输入数据的文件到 PC-DMIS 程序中，既方便又高效。

数据文件可以是 CAD（IGES、DXF、DES 或 XYZIJK）、DMIS、AVAIL、TUTOR 或 DIMS。

（一）导入 CAD 模型

PC-DMIS 软件可导入多种数据类型 CAD 模型，例如 igs/iges、dxf/xwg、step、UG 转换器、Pro/E 转换器、CAD 等。本书主要针对 igs 格式的模型进行介绍。

"导入"菜单的路径：单击"文件"→"导入"菜单命令，如图 1-34 所示。

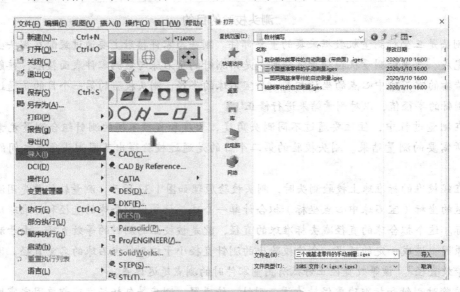

图 1-34　CAD 模型导入图

操作步骤如下：

1）选择要导入 CAD 模型的数据类型——"iges"。

2）在"查找范围"下拉菜单中选择要导入文件所在的盘符——如"E 盘"，并在当前盘符目录下的"教材编写"文件夹查找到文件存放的位置。

3）选择要导入模型的名称——如"三个面基准零件的手动测量 .iges"，单击"导入"按钮。

4）处理完成后单击"确定"按钮即可导入。图 1-35 所示为导入的 CAD 模型。

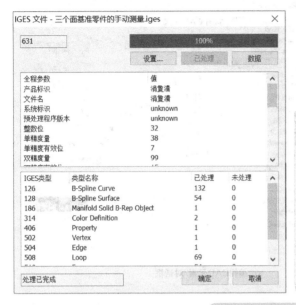
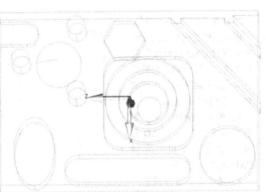

图 1-35　导入的 CAD 模型

（二）CAD 模型的处理（见表 1-14）

表 1-14　CAD 模型的处理

软件操作步骤	操作过程图示
1. 模型实体化 当 CAD 模型导入之后，模型有可能处于线框模式，这时应对模型进行实体化。具体操作步骤如下： 1）单击"编辑"→"图形显示窗口"→"视图设置"命令，或在工具栏中单击"视图设置"按钮，打开"视图设置"对话框 2）选中导入 CAD 模型的所有层，勾选"实体"复选按钮，再单击"应用"和"确定"按钮，CAD 模型即被实体化 还可以单击"图形视图"工具条中的相关按钮来切换模型的实体模式和线框模式，如图 c 所示，通过单击不同的视图按钮可以显示当前视图的零件图形形状	 a)"视图设置"对话框 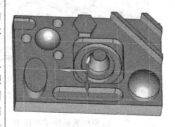 b) CAD 模型实体化 按下该按钮为实体图，未按下为线框图 c)"图形视图"工具条

（续）

软件操作步骤	操作过程图示
2. 更改 CAD 模型的颜色 　　根据操作者观看视图的清晰情况对 CAD 模型颜色进行更改，以便于后面在模型上采点测量时查看得更加清楚。具体操作步骤如下： 　　1）单击"编辑"→"图形显示窗口"→"CAD 元素"命令，弹出"编辑 CAD 元素"对话框 　　2）选中需要更改颜色的特征类型，此处勾选"更改颜色"复选框，单击"颜色"按钮，再选中修改的颜色，然后单击"确定"按钮 　　3）按住鼠标左键在图形显示窗口中框选 CAD 模型，依次单击"应用"和"确定"按钮，即更改颜色完成	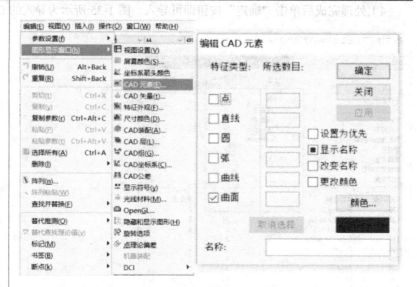 a）"编辑CAD元素"对话框 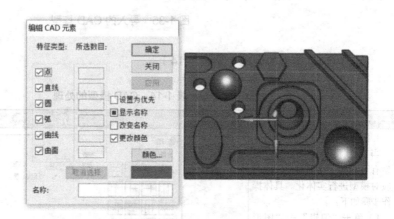 b）更改颜色后的效果图
3. CAD 模型坐标系的转换 　　当模型的坐标系与零件坐标系位置方向不一致时，需要对模型坐标系进行相关转换，具体操作步骤如下：	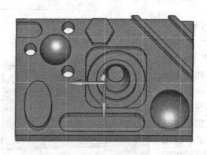 a）坐标系转换前的模型

（续）

软件操作步骤	操作过程图示
1）单击"操作"→"图形显示窗口"→"转换"命令，打开"CAD 转换"对话框 2）在"转换"选项组中，单击"选择"按钮，在 CAD 模型上选择需要平移坐标系的原点位置；如果知道 X、Y、Z 轴的坐标值也可直接输入坐标值，然后依次单击"应用"和"确定"按钮 3）根据图样分析，现将坐标系的位置放在三个基准相交的隔角点处，如图 c 所示，依次单击"应用"和"确定"按钮即可 4）选择围绕坐标系旋转的轴向，输入旋转角度。如图 d 所示，CAD 模型坐标系的位置和 X、Y、Z 轴轴向都不是我们想要的零件坐标系，需旋转轴向，通过分析，先绕 X 轴沿顺时针方向旋转 90°（图 e），再绕 Z 轴沿逆时针方向旋转 90°（图 f），最后依次单击"应用"和"确定"按钮，就可以看到坐标系旋转后的效果	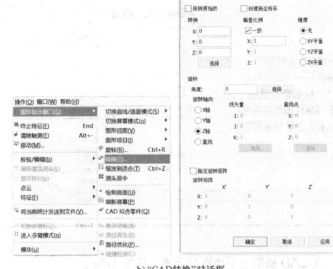 b）"CAD 转换"对话框  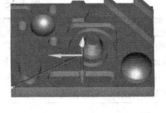 c）平移到偶角点　　　d）CAD 模型坐标系的位置  e）X 轴旋转 90° 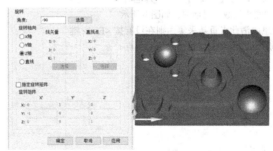 f）Z 轴旋转 −90°

（续）

软件操作步骤	操作过程图示
4.更改坐标系箭头颜色 单击"编辑"→"图形显示窗口"→"坐标系箭头颜色"命令，打开"CAD图形分析设置"对话框来更改坐标系箭头颜色	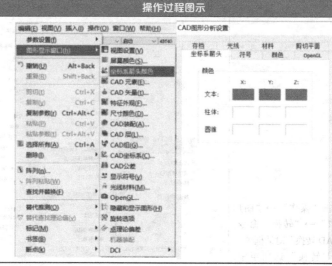

PC-DMIS
手动测量特征

（三）在 CAD 模型上手动测量元素（见表 1-15）

表 1-15　在 CAD 模型上手动测量元素

软件操作步骤	操作过程图示
在CAD模型辅助测量的使用过程中，经常把"程序模式"和"自动特征"结合起来使用，在模型上手动测量时需要在"程序模式"下操作，如右图所示，在"曲线模式"状态下，将图标切换到"程序模式"	　曲线模式　　程序模式
（1）手动测量点　在 CAD 模型上单击采点，按 <End>键，或在工具栏选择"操作"→"终止特征"结束采点命令。矢量为测头回退的方向 测点数量将在 PC-DMIS 界面右下方的状态栏显示"1"，如图 a 所示。也可以通过"视图"→"其他窗口"→"测头读数"打开"测头读数"对话框，如图 b 所示 如果操作者想取消此点重新采集，则在没有按 <End> 键（结束命令）前，可按 <Alt+−> 键删除所采的点	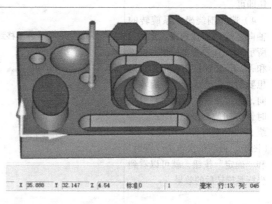 X 35.886　Y 32.147　Z 4.54　标准 0　　1　　毫米 行:13 列:045 a)  b)

（续）

软件操作步骤	操作过程图示
（2）手动测量直线 选择适合的工作平面，在 CAD 模型一平面上单击采至少两点，按 <End> 键结束命令。矢量为第一点指向最后一点的方向，所以采点的顺序非常重要	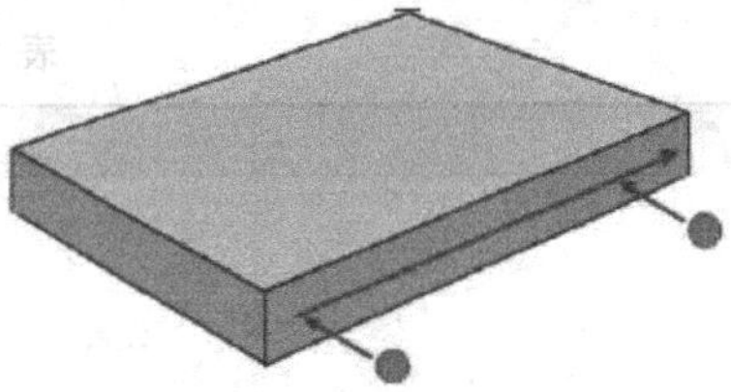
（3）手动测量圆 选择适合的工作平面，在 CAD 模型圆柱面或圆锥面（圆柱孔或圆锥孔）上均匀且尽量在同一平面层上单击采至少三点，按 <End> 键结束命令，矢量为工作（投影）平面的方向	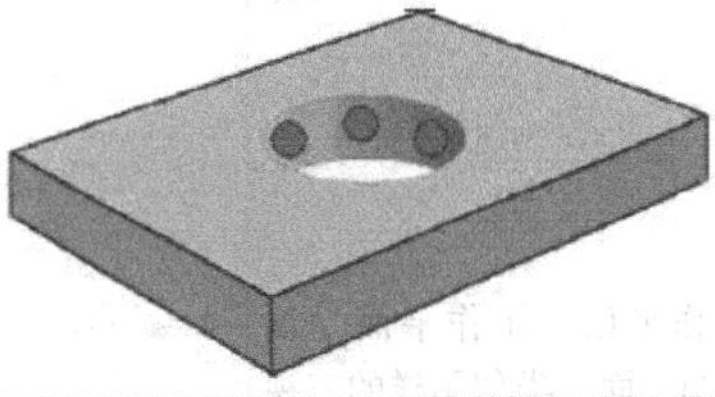
（4）手动测量平面 在 CAD 模型一平面上单击采至少三点，按 <End> 键结束命令，矢量为垂直于平面测头回退的方向	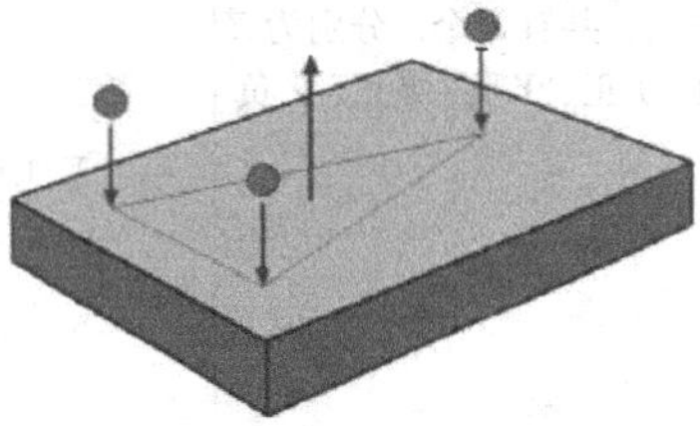
（5）手动测量球 在 CAD 模型上单击采至少四个点，分两层以上，如右图所示，其中一点需要采集在顶点上，采集到坏点时需重新采集。然后按 <End> 键即可，矢量与工作平面的方向一致	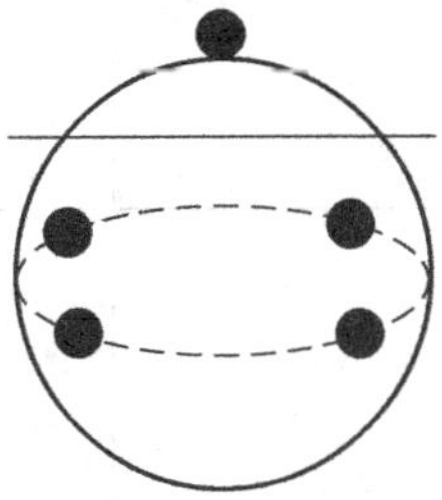
（6）手动测量圆柱 圆柱的测量方法与圆的测量方法类似，只是圆柱的测量至少需要测量两层。如右图所示，必须确保第一层圆测量时点数足够再移到第二层。计算圆柱的最少点数为六点（每个截面圆最少三点）。矢量为起始端面圆指向终止端面圆的方向	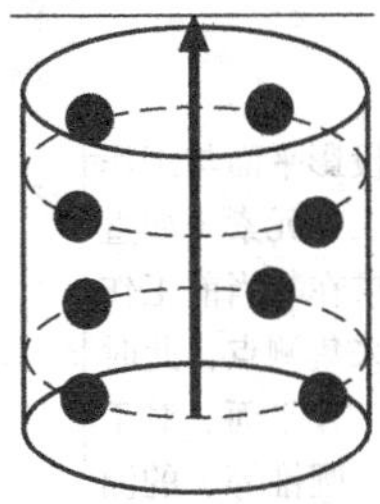
（7）手动测量圆锥 圆锥的测量与圆柱的测量类似。PC-DMIS 会根据直径的大小得知测量的元素。计算圆锥的最少点数为六点（每个截面圆最少三点），尽量确保每个截面圆点数在同一高度。如右图所示，测量第一组点集合，将第三轴移动到圆锥的另一个截面上测量第二个截面圆	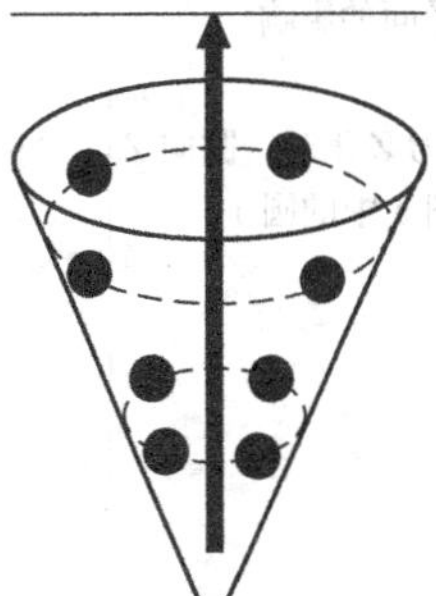

小资料

工作平面列表见表1-16。

表1-16　工作平面列表

工作平面	图　　示

（1）工作平面　工作平面是测量时的视图平面，类似图样的三视图工作平面，共有六个，分别为X正、X负、Y正、Y负、Z正、Z负

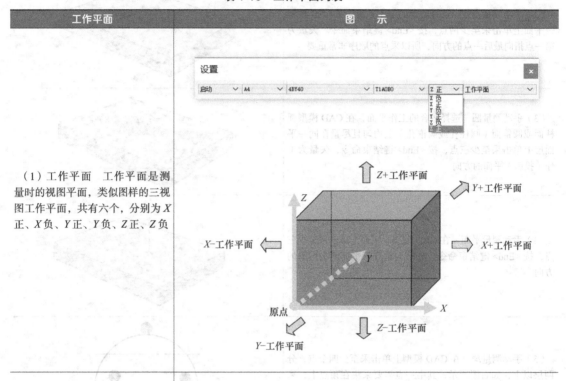

（2）投影平面　投影平面与工作平面一致。当测量二维元素（如直线、圆等）时，要求在与当前工作平面平行的矢量上采集测点，此时应注意是否要调整工作平面。对于三维元素（如圆柱、圆锥等）的测量，则不受工作平面的影响

1）圆的投影。

①当工作平面为Z正时，圆向Z正方向投影，如图a中的圆1

```
工作平面/Z正
=特征/圆，直角坐标，内，最小二乘方
理论值/<0.374,2.2047,-0.228>,<0,0,1> 0.315
实际值/<0.374,2.2047,-0.228>,<0,0,1> 0.315
测定/圆,3,z 正
  触测/基本,常规,<0.2167,2.2126,-0.1728>,<0.9987516,-0.0499525,
  触测/基本,常规,<0.4041,2.3593,-0.2693>,<-0.1909871,-0.9815926
  触测/基本,常规,<0.4469,2.0651,-0.2419>,<-0.46282,0.8864523,0>
终止测量/
```

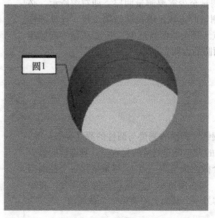

a)

（续）

工作平面	图　　示

圆2
```
工作平面/Y正
=特征/圆,直角坐标,内,最小二乘方
理论值/<0.343,2.2151,-0.2157> <0,1,0> 0.2649
实际值/<0.343,2.2255,-0.2157> <0,1,0> 0.2649
测定/圆,3,Y 正
  触测/基本,常规,<0.2378,2.2325,-0.2961>,<0.6579288,-0.7530801,
  触测/基本,常规,<0.4201,2.2835,-0.3234>,<-0.1889977,-0.9819775
  触测/基本,常规,<0.4754,2.1293,-0.2112>,<-0.7129841,0.7011802,
终止测量/
```

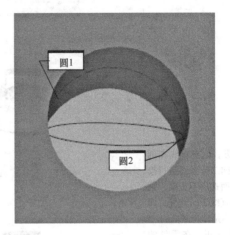

b)

② 当工作平面为 Y 正时，圆向 Y 正方向投影，如图 b 中的圆 2

③ 当工作平面为 X 正时，圆向 X 正方向投影，如图 c 中的圆 3

在创建圆之前，应注意工作平面是否正确

圆3
```
工作平面/X正
=特征/圆,直角坐标,内,最小二乘方
理论值/<0.3659,2.2065,-0.3098> <1,0,0> 0.356
实际值/<0.3659,2.2065,-0.3098> <1,0,0> 0.356
测定/圆,3,X 正
  触测/基本,常规,<0.334,2.325,-0.177>,<0,-0.6656406,-0.7462725>
  触测/基本,常规,<0.4404,2.1273,-0.4692>,<0,0.444957,0.8955519>
  触测/基本,常规,<0.3234,2.0952,-0.1709>,<0,0.625036,-0.780596>
终止测量/
```

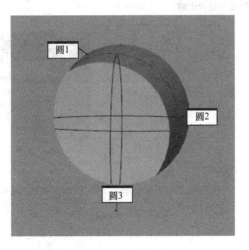

c)

（续）

工作平面	图　示

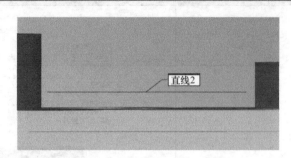

a)

2）直线的投影。创建直线和创建圆一样，需要向工作平面进行投影，如果工作平面选取不正确，则会出现图 a 所示直线 2 的情况，即直线是悬浮着而不是贴合平面的

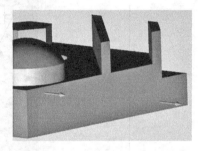

b)

以工作平面为 Z 正，在零件的右侧平面创建一条 Y 方向的直线为例，在前上方采一点，在后下方采一点，两点同时向 Z 正工作平面进行投影，在两点中间位置连线得直线 3，如图 b~ 图 e 所示

其他工作平面创建直线的原理是一样的，所以在创建直线之前，应注意工作平面的选择是否正确

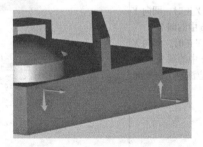

c)

d)

直线3

```
工作平面/Z正
=特征/直线，直角坐标,非定界
理论值/<4.5669,0.2919,-0.2586> <0,1,0>
实际值/<4.5669,0.2919,-0.2586> <0,1,0>
测定/直线,2,Z 正
  触测/基本,常规,<4.5669,0.2919,-0.074>,<1,0,0>,<4.5669,0.2919,
  触测/基本,常规,<4.5669,2.3857,-0.4432>,<1,0,0>,<4.5669,2.3857
终止测量/
```

e)

小资料

（1）常见几何特征的属性（见表1-17）

表 1-17　常见几何特征的属性

常见几何特征的属性	图　　示
点 位置属性（质心）：点本身的坐标值 方向属性（矢量）：测头回退的方向 最少测点数：1 2维/3维：3维	
直线 位置属性（质心）：直线中点的坐标值 方向属性（矢量）：第一点指向最后一点的方向 最少测点数：2 2维/3维：2维	
平面 位置属性（质心）：平面重心点的坐标值 方向属性（矢量）：垂直于平面测头回退的方向 最少测点数：3（不在一条直线上） 2维/3维：3维	
圆 位置属性（质心）：圆心点的坐标值 方向属性（矢量）：工作（投影）平面的方向 其他属性：圆的直径 最少测点数：3（不在一条直线上） 2维/3维：2维	
圆柱 位置属性（质心）：重心的 X、Y、Z 坐标值 方向属性（矢量）：第一层指向最后一层的方向 其他属性：圆柱的直径 最少测点数：6（至少两层，每层至少3点） 2维/3维：3维	
圆锥 位置属性（质心）：小圆圆心坐标值 方向属性（矢量）：小圆指向大圆的方向 其他属性：圆锥的锥顶角 最少测点数：6（至少两层，每层至少3点） 2维/3维：3维	
球 位置属性（质心）：球心点的 X、Y、Z 坐标值 方向属性（矢量）：工作平面的方向 其他属性：球的直径 最少测点数：4（4点不共面） 2维/3维：3维	

手动特征测量汇总见表 1-18。

表 1-18　手动特征测量汇总

元素	数学拟合最少要求点数	矢量方向	维数	测量和构造时需要注意
点	1	采点反弹方向	3	不需要注意
直线	2	起点→终点	2	受工作平面的影响
平面	3	垂直于平面测头回退的方向	3	不需要注意
圆	3	与工作平面一致	2	受工作平面的影响
圆柱	6（两个平行截面圆）	起始层→终止层	3	不需要注意
圆锥	6（两个平行截面圆）	小端→大端	3	不需要注意
球	4（一个截面圆与不在同一层的点）	与工作平面一致	3	不需要注意

（2）几何特征测量策略　在测量过程中，一个元素既可能评价其距离尺寸，也可能评价其形状尺寸。评价距离尺寸与评价形状尺寸，对元素所需采的点数要求是有所不同的。例如圆柱元素，如果是评价圆柱的半径，则只要采 8 个点，两个平行截面圆就可以进行尺寸评价；如果是评价圆柱轴线的直线度，则需要采 12 个点，分四个平行截面圆进行评价；如果是评价圆柱的圆柱度，则需要采 15 个点，分三个平行截面圆进行评价。几何特征测量点数推荐见表 1-19。

表 1-19　几何特征测量点数推荐

几何特征类型	推荐测点数（距离）	推荐测点数（形状）	说　明
点（1 维或 3 维）	1 点	1 点	手动点为一维点，矢量点为三维点
直线（2 维）	3 点	5 点	最大范围分布测量点（布点法）
平面（3 维）	4 点	9 点	最大范围分布测量点（布点法）
圆（2 维）	4 点	7 点	最大范围分布测量点（布点法）
圆柱（3 维）	8 点 /2 层	12 点 /4 层	为了得到直线度信息，至少测量 4 层
		15 点 /3 层	为了得到圆柱度信息，每层至少测量 5 点
圆锥（3 维）	8 点 /2 层	12 点 /4 层	为了得到直线度信息，至少测量 4 层
		15 点 /3 层	为了得到圆度信息，每层至少测量 5 点
球（3 维）	9 点 /3 层	14 点 /4 层	为了得到圆度信息，测点分布为 5+5+3+1

（四）状态窗口的应用

单击"视图"→"其他窗口"→"状态窗口"命令，打开状态窗口，如图 1-36 所示，可检查显示误差是否正常，如图 1-37 所示，确认无误后，按 <End> 键生成"圆 1"。

当测量完特征按 <End> 键后，状态窗口会显示所测特征的测量值和形状误差，便于测量人员监控测量特征的状态。如果测点误差偏大或存在人为采点误差，则在按 <End> 键前，可以按 <Alt+-> 组合键删除已采点，每次删除一个点，可以从状态栏观察测点数的变化，按 <End> 键之后，只能删除该特征重新测量。

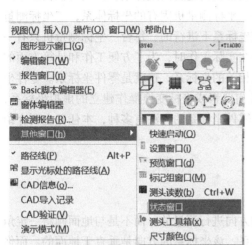

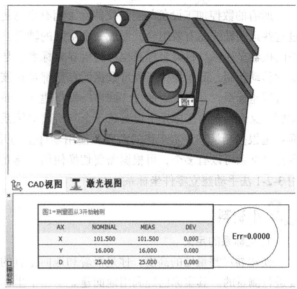

图 1-36　"状态窗口"的打开方式　　　　图 1-37　状态窗口显示

（五）替代推测的应用

　　PC-DMIS 软件能自动判断的元素有点、线、面、圆、圆柱、圆锥和球七种。有时当特征类型不太明确时会出现误判断，如可能会将一个比较窄的面判断为一条线，这时就可以利用替代推测来进行特征类型的强制转换。

　　具体操作步骤如下：

　　1）将光标放在被误判断的特征位置。

　　2）从"编辑"→"替代推测"类型中选择您期望的特征类型即可，如图 1-38 所示（对于转换得到的特征应将其重新自动运行一次）。

 小资料

手动特征测量注意事项

　　采用手动方式测量零件时，为了保证手动测量所得数据的精确性，要注意以下几个方面的问题：

　　1）要尽量测量特征的最大范围，合理分布测点位置和测量适当的点数。

PC-DMIS
手动测量注意事项

图 1-38　替代推测

　　2）触测时的方向要尽量沿着测量点的法向矢量，避免测头"打滑"。

　　3）触测时应按下慢速键，控制好触测速度，测量各点时的速度要一致。

　　4）测量二维元素时，须确认选择了正确的工作（投影）平面。

任务3　零件坐标系的建立

所有的数控加工设备与测量仪器除了拥有自己的多个（直线和回转等）运动轴线外，还将通过这些运动轴线的有效组合，形成一个空间的轴系，最常见的是直角坐标系，这同时也构建了所谓的机器坐标系。机器坐标系也称为世界坐标系，是三坐标测量机固有的坐标体系，三坐标测量机的移动控制、测量操作与测量数据的存储都是在该坐标系下进行的。每台三坐标测量机只有一个机器坐标系，在开机后通过"回零"操作建立。而在实际工作时，为了方便工作和计算方面的需要，又会在机器坐标系下设置若干个与机器坐标系相关的坐标系，这就是零件坐标系。零件坐标系是根据测量和评定工作的需要，使用零件上的几何要素或坐标变换操作建立的虚拟坐标系，零件坐标系可以有多个，可根据需要切换使用。建立零件坐标系的方法有多种，本任务主要介绍用3-2-1法手动建立零件坐标系。

小资料

1. 坐标系的定义

使用卷尺测量墙的高度，你是沿着和地面垂直的方向进行测量的，而不是与地面倾斜一定角度进行测量的。其实你已经利用地面建立了一个坐标系，该坐标系的方向是垂直于地面的。而你测量墙体的高度是沿着这个方向得到的，墙体的高度是由地面开始计算的。同样的道理，我们在测量一个零件时也必须建立一个参考的方向。

（1）建立坐标系的必要性　有了精密的三坐标测量机和测头系统，如果想最终得到正确的检测报告，就必须掌握怎样建立一个正确的零件坐标系。坐标系的建立是后续测量的基础，若建立了错误的坐标系，则将直接导致测量尺寸的错误，因此建立一个正确的参考方向即坐标系是非常关键和重要的。用3-2-1法手动建立零件坐标系是最基本的方法。

（2）建立零件坐标系的目的

1）满足检测工艺的要求。

2）满足同类批量零件的测量。

3）满足装配、加工和设计中基准的建立。

2. 3-2-1法手动建立零件坐标系的步骤（见表1-20）

表1-20　3-2-1法手动建立零件坐标系的步骤

操作步骤	操作过程图示
第一步：测量平面，找正零件，即确定第一轴向 技术图样一般会指明哪一个面是基准面。如果没有指明，则测量表面比较好且测点尽可能均匀分布在整个平面上的面。测量一个平面至少需要三个点，一般情况可以测量更多的点参与平面的计算，此时得到的平面可以计算平面度	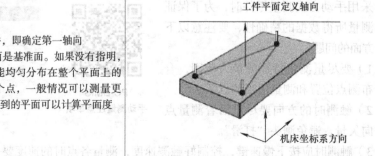

（续）

操作步骤	操作过程图示
第二步：旋转轴即确定第二轴向 在前面讨论的坐标系下，将机器的轴向与零件的一个轴向联系起来，但是我们要告诉软件怎样将其联系起来。用两个孔的中心连线来确定零件的第二轴向，在软件中，利用这条线进行旋转，将引起三坐标测量机坐标轴的旋转，旋转到这条连线上，与零件坐标系的方向一致 因为 X、Y、Z 三个轴线是互相垂直的，所以一旦确定了两个轴向，第三轴向也就是唯一不变的。也就没有必要再确定第三轴向了	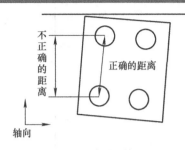 a) 坐标轴旋转前 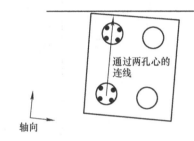 b) 坐标轴旋转后
第三步：设定原点 原点处于其中一个圆的圆心处，如右图所示。它的坐标值为 $X=0$、$Y=0$ 和 $Z=0$，设置了零件的正确轴向和原点后即建好了一个坐标系	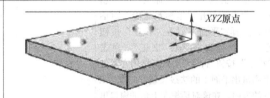

（一）用 3-2-1 法中的面 - 线 - 点法粗建零件坐标系（见表 1-21）

建立坐标系要按三个步骤进行：零件找正、旋转轴、设置原点。

PC-DMIS 手动建立零件坐标系

表 1-21　面 - 线 - 点法粗建零件坐标系

操作步骤	操作过程图示
1. 测量平面，零件找正（设定 Z 轴的方向） 在采点前确认 PC-DMIS 设定为程序模式，选择命令模式图标。在上平面上采三个测点，这三个测点的形状应为三角形，如右图所示，并且尽可能向外扩展，在采完第三个测点后按 <End> 键。PC-DMIS 将显示特征标识和三角形，指示平面 1 的测量	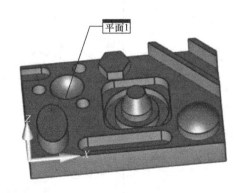

（续）

操作步骤	操作过程图示
单击"插入"→"坐标系"→"新建"命令，打开"坐标系功能"对话框，选择"平面1"，在"找正"按钮左侧下拉列表框选择"Z正"，单击"找正"按钮后，PC-DMIS将用在零件上测量出平面1的法线矢量方向作为Z轴的方向。在该对话框左上角的窗口里显示"Z正找正到平面标识 = 平面1"	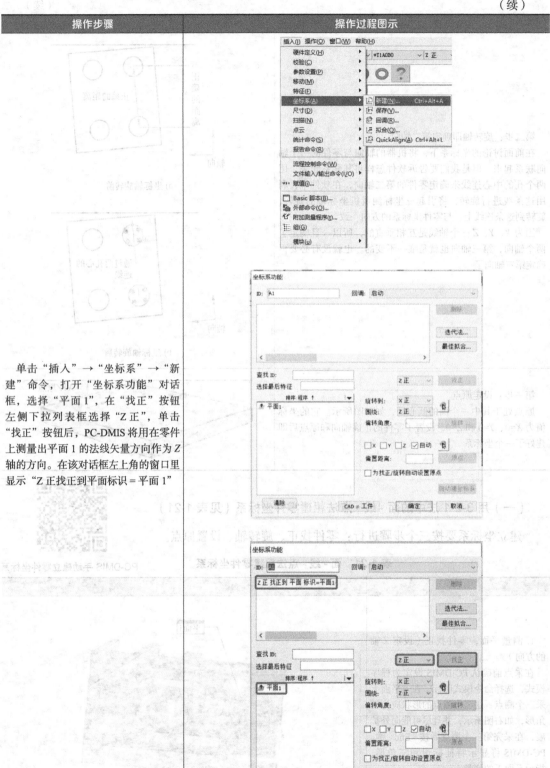

（续）

操作步骤	操作过程图示
	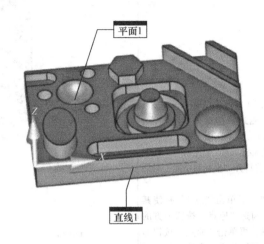

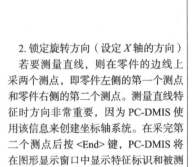

2. 锁定旋转方向（设定 X 轴的方向）

若要测量直线，则在零件的边线上采两个测点，即零件左侧的第一个测点和零件右侧的第二个测点。测量直线特征时方向非常重要，因为 PC-DMIS 使用该信息来创建坐标轴系统。在采完第二个测点后按 <End> 键，PC-DMIS 将在图形显示窗口中显示特征标识和被测直线

在特征列表里单击"直线 1"并使其突出显示，在"旋转到"下拉列表框里选择"X 正"，在"围绕"下拉列表框里选择"Z 正"，然后单击"旋转"按钮。在该对话框左上角的窗口里显示"X 正旋转到直线标识=直线 1 关于 Z 正"

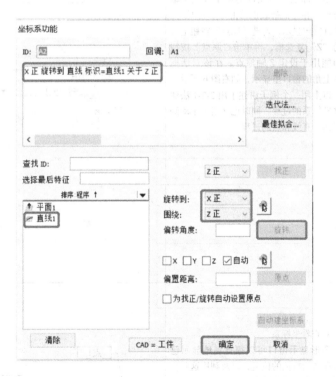

（续）

操作步骤	操作过程图示
	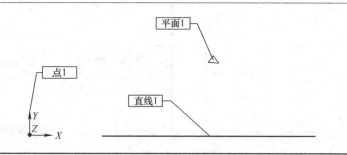

（图中标注：平面1、点1、直线1）

a)

3. 设置原点（设定原点）

在零件左侧边缘测量一个矢量点，得到特征点1（图a），用于设定X轴原点。单击"插入"→"坐标系"→"新建"命令，将打开"坐标系功能"对话框

在特征列表里单击"点1"并使其突出显示，勾选"原点"按钮上方的"X"复选框，再单击"原点"按钮即能用于设定X轴原点；在特征列表里单击"直线1"并使其突出显示，勾选"原点"按钮上方的"Y"复选框，再单击"原点"按钮即能用于设定Y轴原点；在特征列表里单击"平面1"并使其突出显示，勾选"原点"按钮上方的"Z"复选框，再单击"原点"按钮即能用于设定Z轴原点。在该对话框左上角的窗口里显示，如右图b所示

以上用一个例子讲述了用3-2-1法建立坐标系的过程。同时也介绍了手动测平面、直线和点的过程

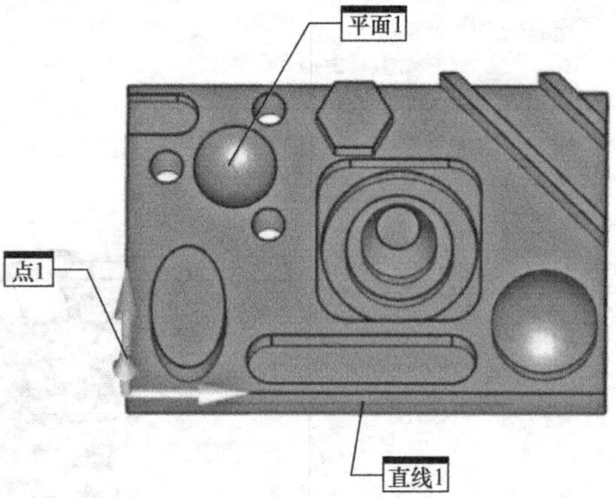

坐标系功能

ID：

回调：A2

X 正 平移到点 标识=点1
Y 正 平移到直线 标识=直线1
Z 正 平移到平面 标识=平面1

删除

迭代法...

最佳拟合...

查找 ID：

选择最后特征

排序 程序↑

平面1
直线1
点1

Z 正   找正

旋转到： X 正
围绕：   Z 正
偏转角度：   找旋转

□X □Y □Z ☑自动
偏置距离：   原点

□为找正/旋转自动设置原点

自动建坐标系

清除   CAD = 工件   确定   取消

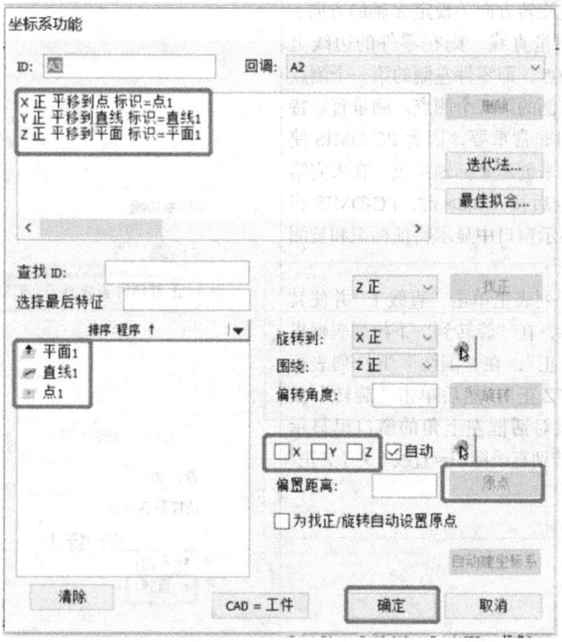

b)

4. 查看坐标系

图形显示窗口可以很直观地显示已经存在的特征的位置，以及利用这些特征所建立坐标系的方向等

（图中标注：平面1、点1、直线1，坐标轴 Y、Z、X）

（二）用 3-2-1 法中的面 - 面 - 面法精建零件坐标系（见表 1-22 ）

表 1-22　面 - 面 - 面法精建零件坐标系

操作步骤	操作过程图示
1.测量平面，零件找正（设定 Z 轴的方向） 在采点前确认 PC-DMIS 设定为程序模式，选择命令模式图标。在上平面上广布均匀采多个测点，在采完最后一个测点后按 \<End\> 键。PC-DMIS 将显示特征标识和三角形，指示平面 2 的测量 单击"插入"→"坐标系"→"新建"命令，打开"坐标系功能"对话框，选择"平面 2"，在"找正"按钮左侧下拉列表框选择"Z 正"，单击"找正"按钮后，PC-DMIS 将用在零件上测量出平面 2 的法线矢量方向作为 Z 轴的方向。在该对话框左上角的窗口里显示"Z 正找正到平面标识 = 平面 2"	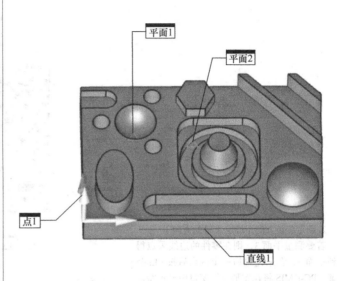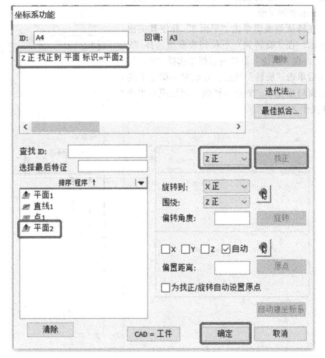

（续）

操作步骤	操作过程图示

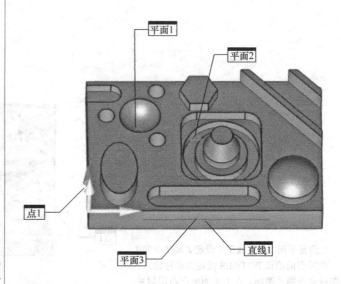

2. 锁定旋转方向（设定 X 轴的方向）

若要测量平面 3，则在零件的边线采点得到平面 3，在采完最后一个测点后按 <End> 键，PC-DMIS 将在图形显示窗口中显示特征标识和被测平面 3

在特征列表里单击"平面 3"并使其突出显示，在"旋转到"下拉列表框里选择"Y 负"，在"围绕"下拉列表框里选择"Z 正"，然后单击"旋转"按钮。在该对话框左上角的窗口里显示"Y 负旋转到平面标识 = 平面 3 关于 Z 正"

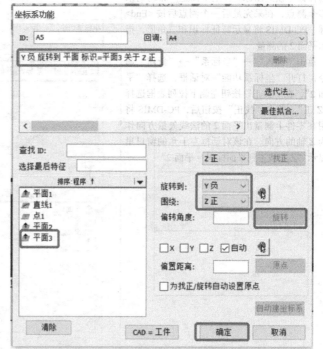

（续）

操作步骤	操作过程图示

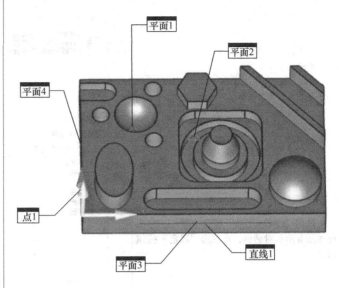

a)

3. 设置原点（设定原点）

在零件左侧边缘测量一个平面，得到特征平面 4（图 a），用于设定原点

单击"插入"→"坐标系"→"新建"命令，将打开"坐标系功能"对话框

在特征列表里单击"平面 4"并使其突出显示，勾选"原点"按钮上方的"X"复选框，单击"原点"按钮即能用于设定 X 轴原点；在特征列表里单击"平面 3"并使其突出显示，勾选"原点"按钮上方的"Y"复选框，单击"原点"按钮即能用于设定 Y 轴原点；在特征列表里单击"平面 2"并使其突出显示，勾选"原点"按钮上方的"Z"复选框，单击"原点"按钮即能用于设定 Z 轴原点，如右图 b 所示

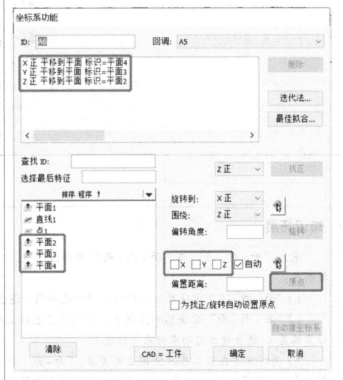

b)

（续）

操作步骤	操作过程图示
4.单击"CAD=工件"按钮（图a），会出现如图b所示对话框，再单击"确定"按钮即可	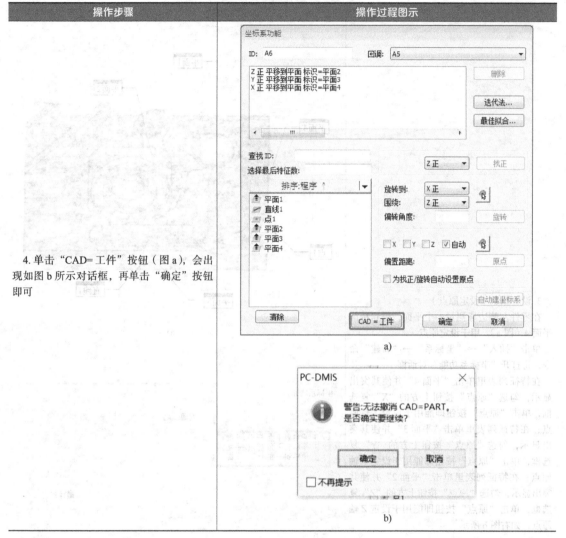

a)

b)

知识拓展

采用"面-线-点"与"面-面-面"两种方法建立零件坐标系时，有以下几点差异需要明确：

1）"面-线-点"方法总测点数少，测量效率高，适合建立手动坐标系（粗建）。

2）"面-面-面"方法总测点数多，可以反应基准面的整体偏差情况（可以反映轮廓和位置偏差），适合建立自动坐标系（精建）。

3）两种方法在第二基准使用上有差异："面-线-点"方法使用直线在找正平面上的投射方向来旋转第二轴向；"面-面-面"方法使用平面的空间矢量来旋转第二轴向。

在实际检测中，推荐采用"面-线-点"与"面-面-面"组合的方式完成坐标系的建立。

任务4　程序的编写（手动测量）

1. 构造特征工具栏

特征工具栏除了自动特征工具栏和测量特征工具栏外，还有构造特征工具栏，如图1-39所示。当有些特征不能通过直接采点得到时，如图1-28中的椭圆结构、⑧号尺寸 ϕ33mm 圆的直径、⑦号尺寸55mm的2D距离，需要通过构造元素才能完成尺寸的评价。下面主要介绍构造线、点、圆、椭圆的方法。

图1-39　构造特征工具栏

2. 构造线

本任务中的六棱柱如图1-40所示，其定位尺寸为55mm和67mm，应首先构造出六棱柱两两对边的中线，再构造出中线和中线的交点，用交点与最左侧平面评价出尺寸55mm，用交点与最前面评价出尺寸67mm。

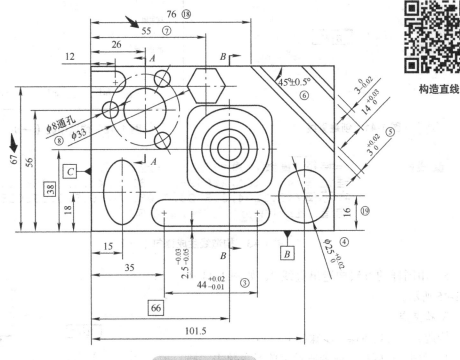

构造直线

图1-40　六棱柱

构造中线的具体操作步骤如下：

1）在六棱柱两对边分别创建直线，如图1-41所示。

2）单击 图标（或者通过菜单栏：单击"插入"→"特征"→"构造"→"直线"），打开"构造线"对话框。

3）在程序列表中选择"直线4""直线5"，在构造方法中选择"中分"，如图1-42所示。

4）单击"创建"按钮，构造出中线"直线6"，如图1-43所示。

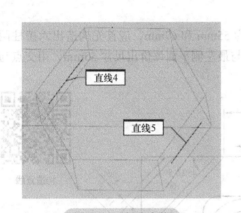

图 1-41 创建直线

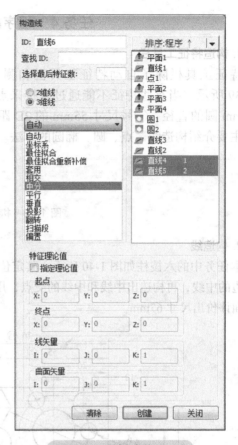

图 1-42 构造中线（一）

```
直线6        =特征/直线，直角坐标,非定界,否
             理论值/<2.1104,2.5426,0.0813>,<0.5,0.8660254,0>
             实际值/<2.1104,2.5426,0.0813>,<0.5,0.8660254,0>
             构造/直线 中分 直线4,直线5
```

图 1-43 构造线生成语句（一）

5）用同样的方法构造出直线 9，如图 1-44 和图 1-45 所示。

3. 构造点

构造交点的具体操作步骤如下：

1）单击 图标（或者通过菜单栏：单击"插入"→"特征"→"构造"→"点"），打开"构造点"对话框。

2）在程序列表中选择"直线 6""直线 9"，在构造方法中选择"相交"，如图 1-46 所示。

3）单击"创建"按钮，构造出交点"点 2"，如图 1-47 和图 1-48 所示。

构造点

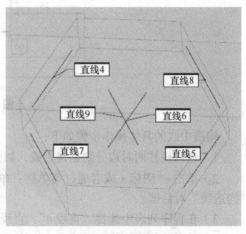

图 1-44 构造中线（二）

直线9   =特征/直线，直角坐标,非定界,否
        理论值/<2.0997,2.7515,0.1035>,<0.5,-0.8660254,0>
        实际值/<2.0997,2.7515,0.1035>,<0.5,-0.8660254,0>
        构造/直线,中分,直线7,直线8

图 1-45 构造线生成语句（二）

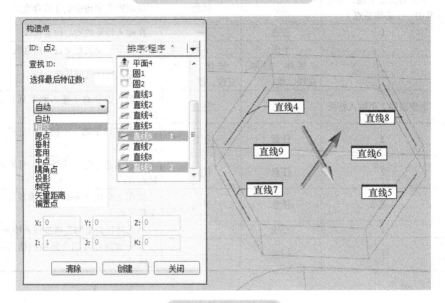

图 1-46 构造交点

点2   =特征/点，直角坐标,否
        理论值/<2.1654,2.6378,0.0924>,<0.5,0.8660254,0>
        实际值/<2.1654,2.6378,0.0924>,<0.5,0.8660254,0>
        构造/点,相交,直线6,直线9

图 1-47 构造点生成语句

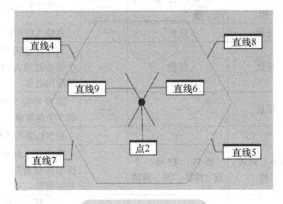

图 1-48 构造出点 2

 小资料

PC-DMIS 软件中有多种方法可用于构造各种有用的点及线，包括原点、套用、刺穿、投影、垂射等。每种方法对于所利用的特征类型及数目均有不同的要求，具体要求及各种方法见表1-23及表1-24。

表 1-23　构造线小结

方法	输入特征数	特征 1	特征 2	注释
坐标系	0	—	—	构造通过坐标系原点的直线
最佳拟合	至少需要 2 个输入特征	任意	任意	使用输入来构造最佳拟合直线
最佳拟合重新补偿	至少需要 2 个输入特征（其中一个必须是点）	点	任意	使用输入来构造最佳拟合直线
套用	1	任意	—	在输入特征的质心构造直线
相交	2	平面	平面	在两个平面的相交处构造直线
中分	2	锥体、柱体、直线、槽	锥体、柱体、直线、槽	在输入特征之间构造中线
偏置	至少需要 2 个输入特征	任意	任意	构造一条相对于输入元素具有指定偏移量的直线
平行	2	任意	任意	构造平行于第一个特征，且通过第二个特征的直线
垂直	2	任意	任意	构造垂直于第一个特征，且通过第二个特征的直线
投影	1 或 2	任意	平面	使用 1 个输入特征将直线投影到特征 2 或工作平面上
翻转	1	直线	—	利用翻转矢量构造通过输入特征的直线
扫描段	1	扫描	—	由开放路径或闭合路径扫描的一部分构造直线

表 1-24　构造点小结

方法	输入特征数	特征 1	特征 2	特征 3	注释
套用	1	任意	—	—	在输入特征的质心构造点
隔角点	3	平面	平面	平面	在三个平面的交叉处构造点
垂射	2	任意	锥体、柱体、直线、槽	—	将第一个特征垂射到第二个直线特征上
相交	2	锥体、柱体、直线、槽	锥体、柱体、直线、槽	—	在两个特征的线性属性交叉处构造点
中点	2	任意	任意	—	在输入的质心之间构造中点
矢量距离	2	任意	任意	—	利用任意两个特征质心构造第三点。在两个质心连线方向上，以第二个特征的质心为基准构造点
偏置点	1	任意	—	—	需要对应于输入元素 X、Y 和 Z 的坐标值的 3 个偏置量
原点	0	—	—	—	在坐标系原点构造点
刺穿	2	锥体、柱体、直线、槽	锥体、柱体、平面、球体、圆、椭圆	—	在特征 1 刺穿特征 2 的曲面处构造点。选择顺序很重要。如果第一特征是直线，则方向很重要
投影	1 或 2	任意	平面	—	输入特征 1 的质心点投影到特征 2 或工作平面上

4. 构造圆

本项目中的 ϕ33mm 圆如图 1-49 所示，需要通过三个 ϕ8mm 的通孔构造而得，尺寸 5.3mm 也需由凸球指定直径值构造的圆评价而得。

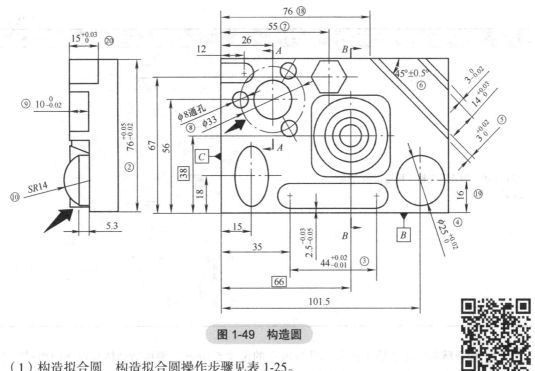

图 1-49　构造圆

（1）构造拟合圆　构造拟合圆操作步骤见表 1-25。

表 1-25　构造拟合圆操作步骤

操作步骤	操作过程图示
1）创建 3 个小圆，即圆 1、圆 2、圆 3，如右图所示	
2）单击 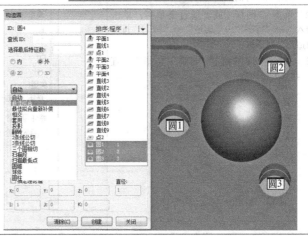 图标（或者通过菜单栏：单击"插入"→"特征"→"构造"→"圆"），打开"构造圆"对话框 3）从程序列表中选择"圆 1""圆 2""圆 3" 4）在构造方法中选择"最佳拟合"	

（续）

操作步骤	操作过程图示
5）单击"创建"按钮，构造出拟合圆"圆4"	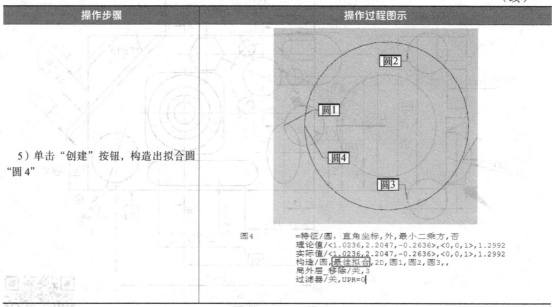 圆4 =特征/圆，直角坐标,外,最小二乘方,否 理论值/<1.0236,2.2047,-0.2636>,<0,0,1>,1.2992 实际值/<1.0236,2.2047,-0.2636>,<0,0,1>,1.2992 构造/圆,最佳拟合,2D,圆1,圆2,圆3,, 局外层 移除/关,3 过滤器/关,UPR=0

（2）构造球指定直径值构造圆　图1-49中的尺寸5.3mm需要构造球体与柱体的相贯圆来进行评价。构造球指定直径值构造圆操作步骤见表1-26。

表1-26　构造球指定直径值构造圆操作步骤

操作步骤	操作过程图示
1）创建出球特征及圆柱特征 2）单击 ⬤ 图标（或者通过菜单栏：单击"插入"→"特征"→"构造"→"圆"），打开"构造圆"对话框 3）从程序列表中选择"球体1"，指定"直径"并输入直径值	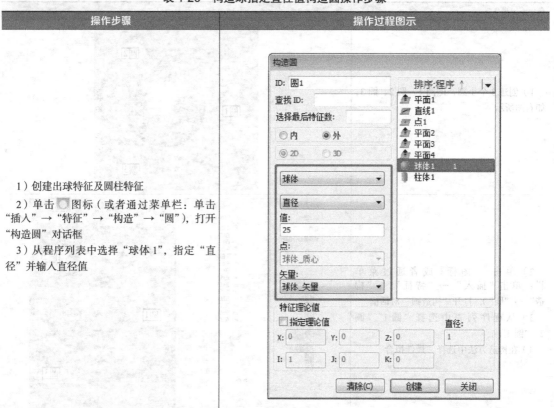

（续）

操作步骤	操作过程图示
4）依次单击"创建"和"关闭"按钮，构造出圆1	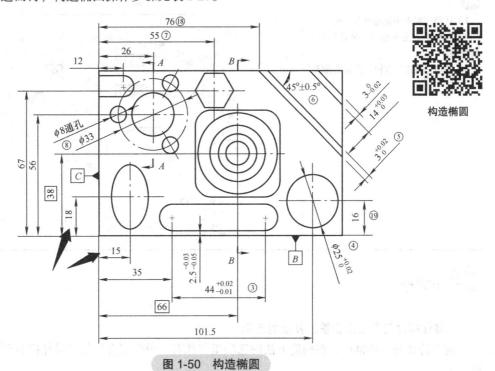

圆1
```
=特征/圆，直角坐标,外,否
理论值/<101.5,16,5.305>,<0,0,1>,25
实际值/<101.5,16,5.305>,<0,0,1>,25
构造/圆,球体,球体1,直径,参考 矢量 = 球体 矢量
```

5. 构造椭圆

图 1-50 中两个箭头所指的尺寸 18mm 和 15mm，需要先测出椭圆特征才能进行评价。椭圆需要通过构造而得，构造椭圆操作步骤见表 1-27。

构造椭圆

图 1-50 构造椭圆

表 1-27 构造椭圆操作步骤

操作步骤	操作过程图示
1）在椭圆的两长边分别创建 2 个点，两端点各创建 1 个点，共 6 个点	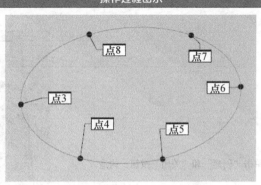
2）单击 ⬭ 图标（或者通过菜单栏：单击"插入"→"特征"→"构造"→"椭圆"），打开"构造椭圆"对话框 3）从程序列表中选择点 3～点 8 4）在构造方法中选择"最佳拟合重新补偿" 5）单击"创建"按钮，构造出椭圆 1	 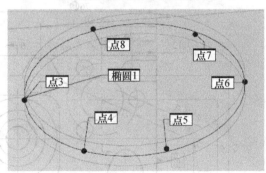 椭圆1　=特征/椭圆,直角坐标,外,否 理论值/<0.5906,0.7087,0.1919>,<0,0,1>,1.1811,0.7087,<0,1,0> 实际值/<0.5906,0.7087,0.1919>,<0,0,1>,1.1811,0.7087,<0,1,0> 构造/椭圆,最佳拟合重新补偿,2D,点3,点4,点5,点6,点7,点8,, 局外层_移除/关,3

 小资料

1.最佳拟合与最佳拟合重新补偿的应用

构造特征的对话框中，在构造方法的选项里往往有"最佳拟合"与"最佳拟合重新补偿"两种方法。

（1）最佳拟合 最佳拟合常用于已经补偿过的特征，如图 1-51 所示，通过 C1～C4 四个小圆的圆心构造一条 2D 直线 L；如图 1-52 所示，通过 C1、C2 两圆柱的质心点构造了 3D 直线 L；如图 1-53 所示，通过 C1～C5 五个小圆的圆心构造了圆 C。这里小圆的圆心及圆柱的质心点就属于已经补偿过的特征点。

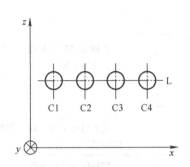

图 1-51 最佳拟合构造 2D 直线

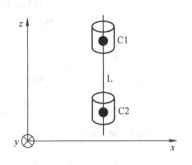

图 1-52 最佳拟合构造 3D 直线

（2）最佳拟合重新补偿 最佳拟合重新补偿常用于未曾补偿过的特征，如图 1-54 所示，在一平面上采了 P1～P4 四个点，用这四个点构造一个平面 P；如图 1-55 所示的椭圆通过 P1～P6 六个点最佳拟合重新补偿得到。这些点就属于未曾补偿过的特征点。

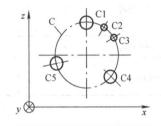

图 1-53 最佳拟合构造圆

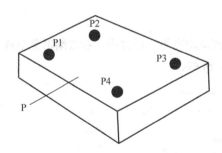

图 1-54 最佳拟合重新补偿构造平面

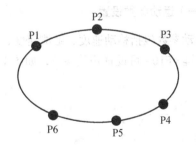

图 1-55 最佳拟合重新补偿构造椭圆

2. 构造圆小结（见表1-28）

表 1-28 构造圆小结

方法	输入特征数	特征 1	特征 2	特征 3	注释
最佳拟合	至少需要 3 个输入特征	任意	任意	任意	利用输入特征构造最佳拟合圆
最佳拟合重新补偿	至少需要 3 个输入特征（其中一个必须为点特征）	点	任意	任意	利用输入特征构造最佳拟合圆

（续）

方法	输入特征数	特征1	特征2	特征3	注释
套用	1	任意	—	—	在输入特征的质心构造圆
圆锥	1	锥体	—	—	在锥体指定的直径或高度构造圆
相交	2	圆、球体、锥体或柱体	面	—	在圆弧特征与平面、锥体或柱体相交处构造圆
		面	圆、球体、锥体或柱体	—	
		锥体	锥体或柱体	—	
		柱体	锥体	—	
投影	1或2个输入特征	任意	任意	—	输入特征1将会向工作平面投影构造圆
翻转	1	圆	—	—	翻转矢量后构造圆
2条线公切	2	直线	直线	—	构造出与两条直线都相切的圆。注意两条直线的矢量方向与构造出的圆的位置有关
3条线公切	3	直线	直线	直线	构造出与三条直线都相切的圆
扫描段	1	扫描特征	—	—	利用开线扫描或闭线扫描的一部分构造圆

任务5　程序的运行

（一）运动参数设置

运动参数包括移动速度、触测速度、逼近距离、回退距离等。通过进入参数编辑菜单或直接按快捷键 <F10> 可设置相关参数，如图1-56和图1-57所示。

图1-56　设置逼近距离和回退距离　　　　图1-57　设置移动速度和触测速度

（1）移动速度　移动速度为机器最大速度的百分比，可以被设置为机器全速的1%～100%之间的任何数值。

（2）触测速度　触测速度为机器最大速度的百分比，但不能超过 20%。

例如：编辑窗口中的命令行："移动速度：20 毫米 / 秒，触测速度：2 毫米 / 秒"。

（3）逼近距离　PC-DMIS 开始寻找零件时自动移向曲面的距离。当测量圆或圆弧时，PC-DMIS 可以自动改变此数值。编辑窗口中的命令行："逼近距离：2.54 毫米"。

（4）回退距离　测头在测量后自动离开曲面的距离。当测量圆或圆弧时，PC-DMIS 可以自动改变此数值。编辑窗口中的命令行："回退距离：2.54 毫米"。

理解移动速度、触测速度、逼近距离、回退距离，对于了解机器自动触测零件的过程非常重要。首先机器以移动速度移向特征；当测头与零件之间为逼近距离时，更改为触测速度触测零件；触测完毕，以触测速度回退一个回退距离，再以移动速度移向下一个特征。移动速度和触测速度可以是机器最大速度的百分比，也可以是绝对速度，更改的方法是按快捷键 <F5>，打开"设置选项"对话框，如图 1-58 所示。

图 1-58　更改移动速度为绝对速度

（二）插入移动点和安全平面的运用

自动机不同于手动机的最大地方是在执行程序时，需要注意测头在两个特征点之间怎样移动。为了保证测针从一个特征移动到另一个特征时不发生碰撞，添加移动点和安全平面就非常重要。

1. 插入移动点

移动点用于定义测量过程中的测头运动轨迹。它可以通过软件中的指令（Ctrl+M）或操纵盒按键（Print）加入到程序中。在程序中加入移动点时，要注意保证测头在运动过程中始终处于安全位置，避免碰撞到零件或夹具。切记，测头应沿着移动点间的最短路径（即直线）运行。添加移动点的具体方法，单击"插入"→"移动"→"移动点"命令，如图 1-59 所示，或按快捷键 <Ctrl + M>。

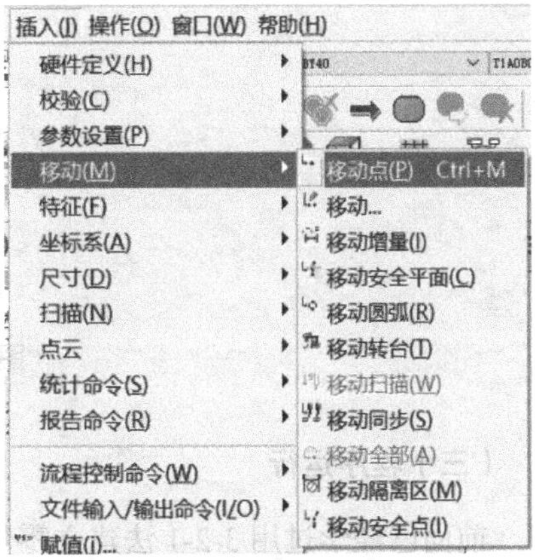

图 1-59　添加移动点

2. 插入安全平面

插入安全平面需在自动模式下使用，常用于创建一个特征前使测针先移动到安全平面，再创建特征，防止测针与零件发生碰撞，起到保护测针的作用。

在粗建坐标系完成后，将程序模式切换为自动模式，按快捷键 <F10> 打开"参数设置"对话框，如图 1-60 所示。

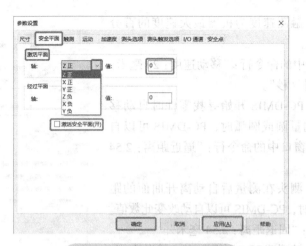

图 1-60 "参数设置"对话框

单击"安全平面"，从"激活平面"中"轴"的下拉列表中选择当前测针回退的方向为轴向，输入安全平面值（以坐标系原点为 0 点，一般设置比当前工作平面的最高障碍物高 5～10mm），勾选"激活安全平面（开）"，创建完一个特征，在创建下一个特征前程序会自动添加"移动/安全平面"命令句，如图 1-61 所示，使测针先移动到安全平面，再创建特征。单击"应用"按钮、"确定"按钮，完成安全平面的设置。

图 1-61 安全平面程序语句

（三）程序运行

前面已经学过用 3-2-1 法建立零件坐标系，首先在手动模式下粗建坐标系，手动建立坐标系是为了告诉三坐标测量机零件的位置。在手动建立坐标系之后，需要更换成自动模式，如图 1-62 所示图标。其次在自动模式下创建自动程序（自动程序是可以自动执行的），自动坐标系是为了加强坐标系的精度。精建坐标系时，不必与手动建立坐标系完全一样，但必须按照图样要求进行操作，最后在自动模式下才能生成路径线。

图 1-62 测量模式工具栏

1. 生成路径线

在生成路径线之前，需将在手动模式下测量的特征元素进行标记，标记的程序不能运行。

在工具栏的空白处单击鼠标右键，在打开的快捷菜单中选择"编辑窗口"，单击标记 / 取消标记图标，如图 1-63 所示。

```
编辑窗口

面1      =特征/平面,直角坐标,三角形
         理论值/<23.244,54.536,0>,<0,0,1>
         实际值/<23.244,54.536,0>,<0,0,1>
         测定/平面,3
             触测/基本,常规,<22.001,71.315,0>,<0,0,1>,<22.
             触测/基本,常规,<7.191,43.814,0>,<0,0,1>,<7.19
             触测/基本,常规,<40.539,48.478,0>,<0,0,1>,<40.
         终止测量/
         =坐系/开始,回调:启动,列表=是
             建坐标系/找平,Z正,平面1
         坐系/终止
线1      =特征/直线,直角坐标,非定界
         理论值/<12.491,0,-5.858>,<1,0,0>
         实际值/<12.491,0,-5.858>,<1,0,0>
         测定/直线,2,2 正
             触测/基本,常规,<12.491,0,-5.123>,<0,-1,0>,<12
             触测/基本,常规,<77.553,0,-6.593>,<0,-1,0>,<77
         终止测量/
         =坐系/开始,回调:A1,列表=是
             建坐标系/旋转,X正,至,直线1,关于,z正
         坐系/终止
1        =特征/点,直角坐标
         理论值/<0,11.357,-7.785>,<-1,0,0>
         实际值/<0,11.357,-7.785>,<-1,0,0>
         测定/点,1,工作平面
             触测/基本,常规,<0,11.357,-7.785>,<-1,0,0>,<0,
         终止测量/
         =坐系/开始,回调:A2,列表=是
             建坐标系/平移,X轴,点1
             建坐标系/平移,Y轴,直线1
             建坐标系/平移,Z 轴,平面1
         坐标系/终止
```

图 1-63　标记工具栏

单击"视图"→"路径线"命令，如图 1-64 所示，即可显示在自动模式下测量特征的路径线，如图 1-65 所示。

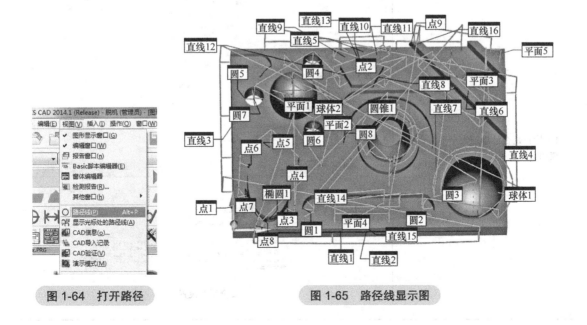

图 1-64　打开路径　　　　　　　　图 1-65　路径线显示图

2. 碰撞检测

单击"操作"→"图形显示窗口"→"碰撞检测"命令，如图 1-66 所示，即可按照生成的路径进行碰撞检测。如果测量过程中有碰撞，路径线就会变成红色，且在碰撞列表中会有相关的碰撞提示。

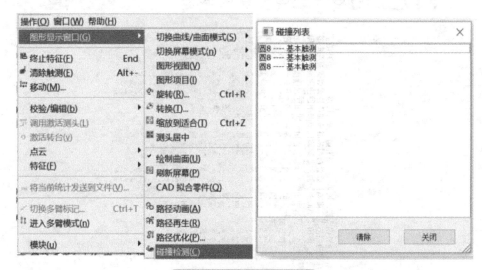

图 1-66　碰撞检测示意图

3. 修改路径

根据碰撞检测后的结果，对测量路径进行修改。碰撞原因分析见表 1-29。

表 1-29　碰撞原因分析

原因分析	操作过程图示
1）检查是否已添加安全平面，操作步骤如右图所示	安全平面设置

（续）

原因分析	操作过程图示
2）测量一个特征元素在移动时是否存在障碍物	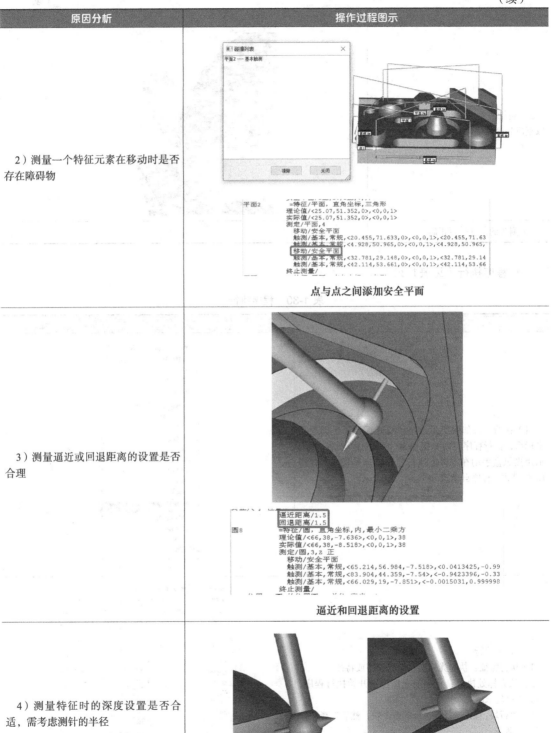点与点之间添加安全平面
3）测量逼近或回退距离的设置是否合理	逼近和回退距离的设置
4）测量特征时的深度设置是否合适，需考虑测针的半径	测量深度

（续）

原因分析	操作过程图示
5）测针直径较小，测量深度过深，以至碰到测杆	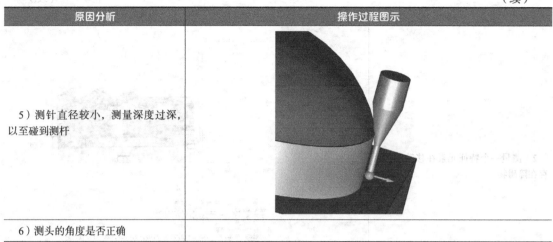
6）测头的角度是否正确	

4. 程序执行（见表1-30）

表 1-30 程序执行

软件操作步骤	操作过程图示
（1）执行 假如脱机生成路径线时标记了手动建立坐标系，执行程序时需要按 <F3> 键取消标记，按照提示用操纵盒手动在零件上执行粗建坐标系程序，直到 DCC 模式，程序自动执行	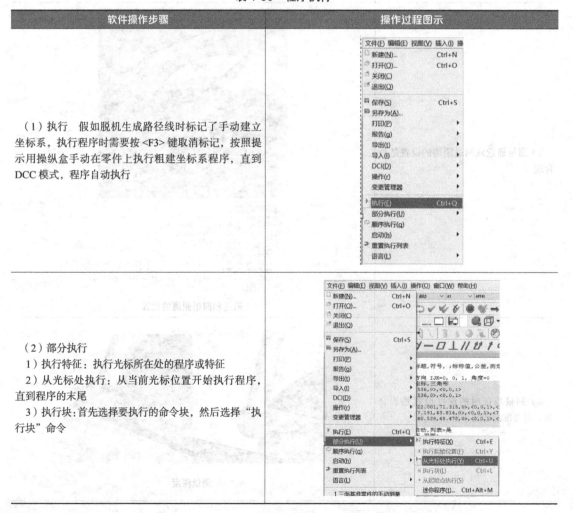
（2）部分执行 1）执行特征：执行光标所在处的程序或特征 2）从光标处执行：从当前光标位置开始执行程序，直到程序的末尾 3）执行行块：首先选择要执行的命令块，然后选择"执行块"命令	

小资料

常用快捷键

PC-DMIS 软件提供了很多快捷键，熟练运用快捷键对于提高测量效率有很大帮助，下面通过表 1-31 把部分常用的快捷键进行汇总。

表 1-31　PC-DMIS 软件常用的快捷键汇总

序 号	快捷键	含 义	备 注
1	F1	帮助键	
2	F3	标记键	
3	F5	设置选项	
4	F6	字体设置	
5	F9	编辑光标所在特征	
6	F10	参数设置	
7	Ctrl+Alt+P	调出测头工具框	
8	Shift+F6	更改编辑窗口的颜色	
9	Alt+P	显示路径线	
10	Ctrl+W	调出测头读数窗口	
11	Ctrl+M	添加移动点	
12	Ctrl+Alt+A	新建零件坐标系	
13	Ctrl+Z	把数模缩放到合适的大小	
14	Ctrl+Q	执行全部程序	
15	Ctrl+U	从光标处执行	
16	Ctrl+Tab	报告窗口与图形显示窗口的切换	

任务 6　公差评价及报告评价输出

（一）公差评价

每一个特征测量的结果都需要按照公差的要求进行输出，尺寸评价工具栏如图 1-67 所示。本任务重点介绍特征位置、距离和角度三个命令。

特征位置命令　距离命令　角度命令

图 1-67　尺寸评价工具栏

1. 特征位置

单击图标 田，打开"特征位置"对话框，如图 1-68 所示。

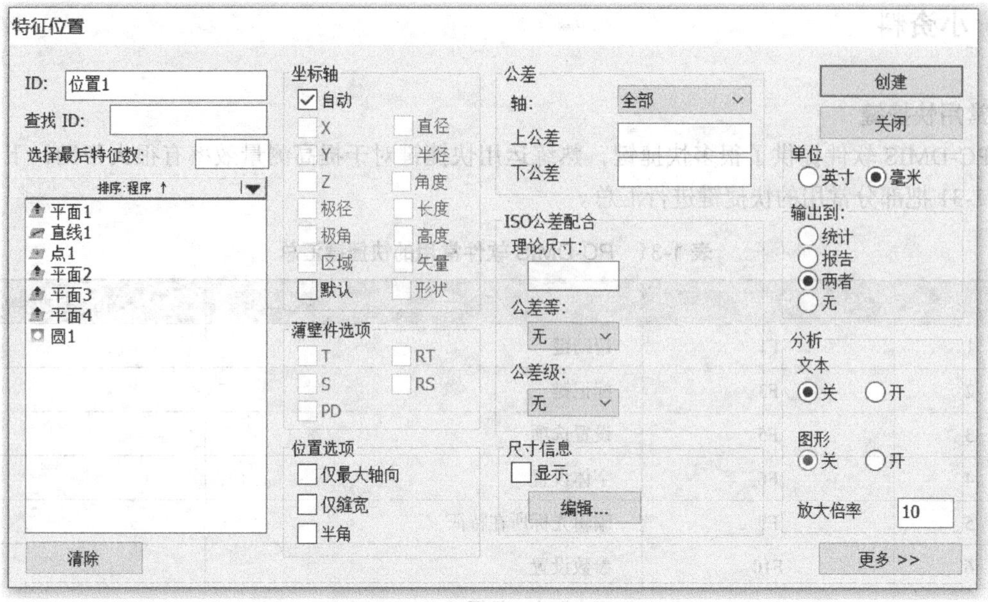

图1-68　"特征位置"对话框

（1）坐标轴子菜单　在图1-69中，"默认"复选框用于设置为默认输出的格式。当选中"自动"复选框后，将根据特征类型的默认轴来选择要在尺寸中显示的轴。不过，在有些情况下，可能必须要替代默认设置。若要更改默认输出，则可参照以下：

直径＝输出直径值。

半径＝输出半径（直径的一半）值。

角度＝输出角度（用于锥体）值。

长度＝输出长度（用于柱体和槽）。

PC-DMIS 位置评价

高度＝输出高度（通常是槽的高度，但也可能是锥体、柱体的高度或椭圆的长度）。

（2）公差子菜单　在图1-70中，选择具体的公差项目并输入数值。

图1-69　坐标轴子菜单

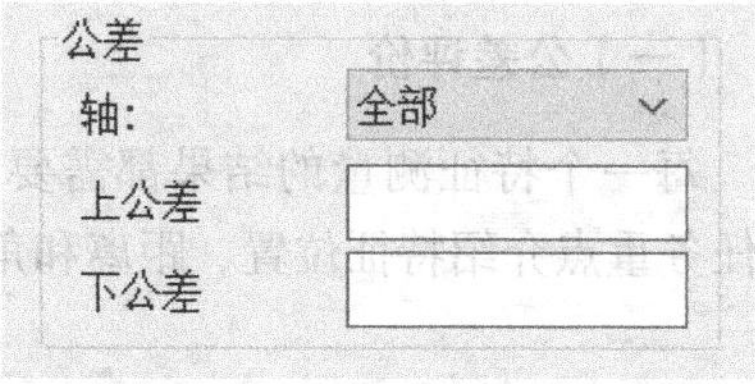

图1-70　公差子菜单

（3）尺寸信息子菜单　用于编辑在图形窗口中的尺寸信息（图形窗口用于显示测量特征的图像，是相对于编辑窗口不可缺少的一个窗口）。图1-71所示是上级菜单，图1-72所示是下级菜单，用来设置显示的内容及该内容的显示次序。

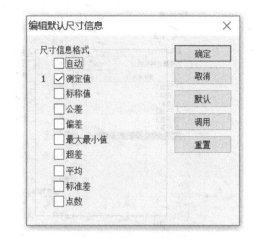

图 1-72　编辑默认尺寸信息

图 1-71　尺寸信息子菜单

（4）其他子菜单　如图 1-73 所示菜单用来设置尺寸的单位，图 1-74 所示菜单用来设置尺寸输出设备，尺寸输出设备的设置分别是统计软件 datapage、程序的报告窗口、同时输出到两个设备、不向任何外部设备输出。图 1-75 所示尺寸分析设置包括文本和图形两部分，文本"开"用于在程序编辑窗口中输出测量元素的每个实测点的偏差状态，图形"开"则用于在图形窗口中显示每个实测点的偏差示意图及偏差发生位置等信息。

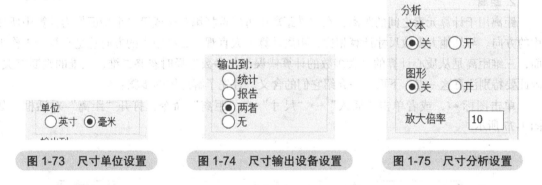

图 1-73　尺寸单位设置　　　　图 1-74　尺寸输出设备设置　　　　图 1-75　尺寸分析设置

现以测量圆柱的直径 $\phi25\,^{+0.02}_{0}$ mm 为例，介绍特征位置应用的具体步骤。

1）选择当前的工作平面是"Z 正"。

2）在圆柱上测量特征"圆 1"。

3）打开"特征位置"对话框，在特征列表中选择"圆 1"，在坐标轴区域中去掉"自动"选项，选中"直径"选项，如图 1-76 所示。

4）在公差区域中分别按图样要求输入上公差[⊖] "+0.02"，下公差"0"。

5）在 ISO 公差配合区域中输入理论尺寸"25"。

6）在单位区域选择"毫米"。

7）选择要将尺寸信息输出到何处，选择"两者"。

8）如果要在图形显示窗口中查看尺寸信息，则选中可选的"显示"复选框。

⊖　上公差和下公差即上极限偏差和下极限偏差，此处为与软件一致用"上公差"和"下公差"。

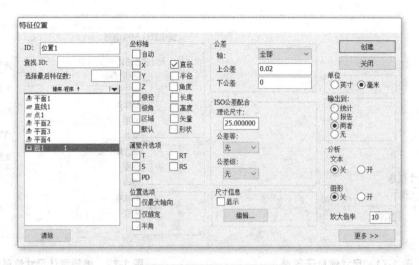

图 1-76　输出直径尺寸设置

9）在分析区域中选择文本复选框或图形复选框。如果选择了图形复选框，则在"放大倍率"文本框中输入放大倍数值。

10）如果需要，选中尺寸信息区域中的"显示"复选框并单击"编辑"按钮，以选择希望在图形显示窗口中显示的尺寸信息格式。

PC-DMIS 距离和角度评价

11）单击"创建"按钮完成设置。

2. 距离

距离用于计算元素之间的距离，在二维距离中可以选择第三个或第二个特征作为计算中所使用的方向。与其他大多数尺寸计算相比，距离计算不太直观。二维距离的方向总是平行于工作平面，三维距离是从质心计算的。大多数的计算错误都与参数选择时忽略二维、三维的判断有关，因此要特别注意这一点。下面一一介绍它们的含义。首先了解总体的步骤：

单击图标 ，或者单击"插入"→"尺寸"→"距离"命令，打开"距离"对话框，如图 1-77 所示。

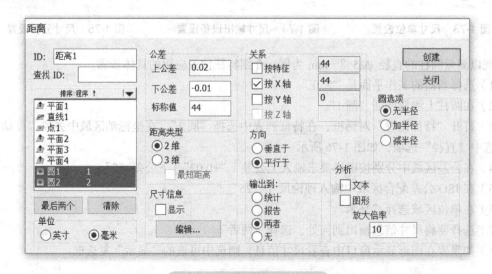

图 1-77　输出距离尺寸设置

（1）公差　公差区域允许操作者沿着正负方向输入正负公差带。其中距离尺寸的理论值并不都是基于CAD数据或测量数据，有时可以使用"标称值"文本框输入理论距离，如图1-78所示。

（2）距离类型　距离类型有2维（2D）和3维（3D）两种，如图1-79所示。评价2维距离时，需要先修改工作平面，软件会先将特征的质心点投影到工作平面，在投影平面上评价质心点的距离。评价3维距离时，无须更改工作平面，软件评价的是第一个特征的质心点到第二个特征的垂直距离。

图1-78　尺寸公差设置

图1-79　距离类型设置

2D和3D距离尺寸将按照相关特征来应用以下规则：

1）将球体、点和特征组当作点来处理。

2）将槽、柱体、锥体、直线和圆当作直线来处理。

3）平面通常当平面来处理。个例中也当作点来处理，如两个平面求距离，实际上求的是第一个平面的质心到第二个平面的垂直距离。

其他规则见表1-32。

表1-32　其他规则

规则内容	图示
1）如果两个元素都是点（如以上定义），PC-DMIS将提供两点之间的最短距离	
2）如果一个元素是线（如以上定义）而另一个元素是点，PC-DMIS将提供直线（或中心线）和点之间的最短距离	点到线的最短距离
3）如果两个元素都是直线，PC-DMIS将提供第二条直线的质心到第一条直线的最短距离	线到线的最短距离
4）如果一个元素是平面而另一个元素是直线，PC-DMIS将提供直线质心和平面之间的最短距离	线到面的最短距离

（续）

规则内容	图示
5）如果一个元素是平面而另一个元素是点，PC-DMIS 将提供点和平面之间的最短距离	点到面的最短距离
6）如果两个元素都是平面，PC-DMIS 将提供第二个平面的质心到第一个平面的最短距离	面到面的最短距离

（3）尺寸信息　尺寸信息如图 1-80 所示。该部分内容可参考特征位置中的"尺寸信息"。

（4）关系　关系选择如图 1-81 所示。关系区域中的复选框用于指定在两个特征之间测量的距离是垂直或平行于特定轴，还是垂直或平行于第二个所选特征。

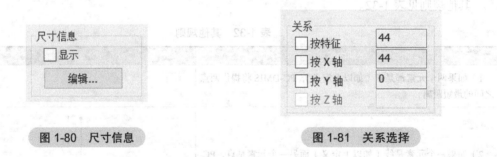

图 1-80　尺寸信息　　　　　图 1-81　关系选择

如果选择了"按特征"复选框，则在方向区域中就可选择"垂直于"或"平行于"选项。这些选项使 PC-DMIS 计算所选择的第一个特征和第二个特征与某个特征之间的平行于或垂直于的距离。

假如在列表中仅选择了两个特征，PC-DMIS 计算的是特征 1 和特征 2 之间的平行于或垂直于的关系，基准为特征 2。

假如在列表中仅选择了三个特征，PC-DMIS 计算的是特征 1 和特征 2 之间的平行于或垂直于特征 3 的关系，基准为特征 3。

（5）方向　方向选择如图 1-82 所示，包括"垂直于"和"平行于"两个选项。

（6）圆选项（图 1-83）　在圆选项区域中，用"加半径"和"减半径"选项可指示 PC-DMIS 在测得的总距离中加或减测定特征的半径。所加或减的数量始终是在计算距离的相同矢量上。一次只能选择一个选项。如果选择"无半径"选项，则不会将特征的半径应用到所测量的距离。

如图 1-84 所示，以圆 1、圆 2 之间不同的距离来说明"关系""方向""圆选项"的应用，见表 1-33。

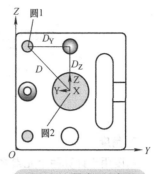

图 1-82　方向选择　　　　图 1-83　圆选项　　　　图 1-84　圆选项示意图

表 1-33　"关系""方向""圆选项"的应用

项目	关系	方向	圆选项	备　注
D	不选	不选	无半径	圆 1 圆心到圆 2 圆心的距离选"无半径" 圆 1 到圆 2 的最短距离选"减半径" 圆 1 到圆 2 的最远距离选"加半径"
D_Z	按 Z 轴	平行于	无半径	圆 1 圆心到圆 2 圆心平行于 Z 轴的距离
D_Y	按 Y 轴	平行于	无半径	圆 1 圆心到圆 2 圆心平行于 Y 轴的距离

现以测量键槽高度 8mm 为例，介绍距离应用的具体步骤。

1）选择当前的工作平面是"Z 正"。

2）打开"距离"对话框，在特征列表中选择"平面 2"（上平面）、"平面 5"（键槽底面）进行评价，如图 1-85 所示。

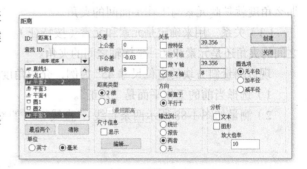

3）在"上公差"框中输入正公差值，在"下公差"框中输入负公差值。

4）选择"2 维"选项，以指定距离类型。

5）在单位区域选择"毫米"。

6）选择要将尺寸信息输出到何处，选择"两者"。

图 1-85　距离评价设置

7）选择"按 Z 轴"选项，以确定用于定义距离的关系。

8）选择"平行于"单选按钮。

9）如果要在图形显示窗口中查看尺寸信息，则选中可选的"显示"复选框。

10）在分析区域中选择文本复选框或图形复选框。如果选择了图形复选框，则在"放大倍率"文本框中输入放大倍数值。

11）如果需要，选中尺寸信息区域中的"显示"复选框并单击"编辑"按钮，以选择希望在图形显示窗口中显示的尺寸信息格式。

12）单击"创建"按钮完成设置。

在评价高度时，一定要注意将工作平面转换成 X 方向或 Y 方向，在编辑窗口中的语句如图 1-86 所示。

```
                          工作平面/x正
DIM 距离1= 2D 距离平面 平面5 至 平面 平面2 平行 至    Z 轴,无半径  单位=毫米,S
图示=关  文本=关  倍率=10.00  输出=两者
AX    NOMINAL       +TOL      -TOL      MEAS      DEV      OUTTOL
M      8.000       0.000    -0.030    8.000     0.000     0.000 --------#
                              END OF MEASUREMENT FOR
        PN=1              DWG=              SN=
     TOTAL # OF MEAS =0     # OUT OF TOL =0     # OF HOURS =00:00:00
```

图 1-86　生成语句

3. 角度

角度用于计算两个元素之间的夹角，或者一个元素与某个坐标轴之间的夹角。在计算时，PC-DMIS 将利用所选元素的矢量计算元素间的夹角。如果 PC-DMIS 所报告的角度不在正确的象限中（如需要 0°，而不是 180°），只需在编辑窗口中输入正确的标称角度，PC-DMIS 将自动转换象限，使其匹配标称角度。"角度"对话框如图 1-87 所示。

（1）公差

上公差：用户设定评价元素的上公差。

下公差：用户设定评价元素的下公差。

标称值：指输入所要评价元素的理论夹角。

（2）角度类型　角度类型有 2 维（2D）和 3 维（3D）两种。2 维角度是计算两个元素的夹角后投影到当前工作平面上。3 维角度是用来计算两个元素在三维空间的夹角。若只选一个元素，那么角度就是此元素与工作平面间的夹角。

（3）关系　用来确定是元素和元素（按特征）之间的夹角还是元素和某一坐标轴之间的夹角。

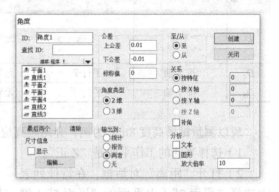

图 1-87　"角度"对话框

现以测量斜方块的定位尺寸 45° 为例，介绍角度应用的具体步骤。

1）选择当前的工作平面是"Z 正"。

2）测量如图 1-88 所示两条直线："直线 2""直线 3"。

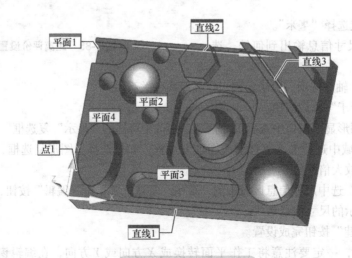

图 1-88　被测特征选择

3）在主菜单中选择"插入"→"尺寸"→"夹角"命令，打开"角度"对话框，如图 1-89 所示。

4）在元素列表中选择"直线 2""直线 3"。

5）在角度类型中选择"2 维"。

6）在关系中选择"源自特征"。

7）在"上公差"框和"下公差"框中分别输入"0.5"和"−0.5"。

8）单击"创建"按钮完成设置，如图 1-89 所示。

注意：在评价角度时，所选元素的顺序及矢量方向决定了所计算角度的正负。

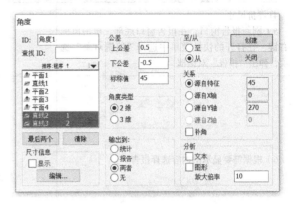

图 1-89 角度评价设置

（二）报告的生成及输出

报告的生成及输出列表见表 1-34。

表 1-34 报告的生成及输出列表

软件操作步骤	操作过程图示
（1）报告模板 报告模板是对报告的一种描述。报告模板描述了 PC-DMIS 使用什么数据创建报告，以及数据的表现形式。PC-DMIS 软件带有 6 个标准模板，一个报告模板可用于多个零件程序。用户还可以在报告模板编辑器内创建自己的模板。报告模板具有 .rtp 的后缀名	报告模板
（2）报告的生成 1）建立坐标系，测量特征 2）单击"编辑"→"参数设置"→"参数"命令（或直接按 <F10> 键），打开"参数设置"对话框	
3）根据需要选择尺寸的显示内容及顺序，设置完成后单击"确定"按钮关闭对话框	

（续）

软件操作步骤	操作过程图示
4）评价尺寸 5）刷新报告窗口，在报告窗口底部，单击鼠标右键，在打开的快捷菜单中选择"编辑对象"选项，弹出"报告"对话框	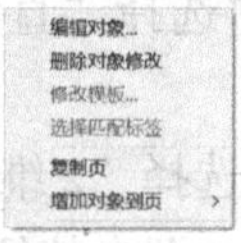
6）根据需要显示的内容选择报告	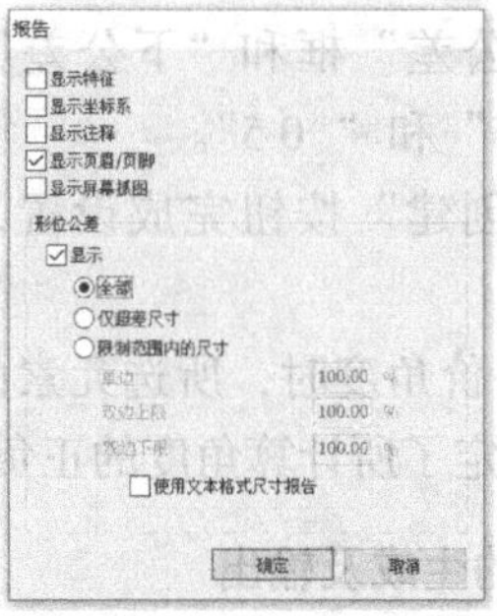
7）勾选"使用文本格式尺寸报告"，单击"确定"，弹出如图 a 所示的窗口，将报告显示成仅文本报告。通过选择报告工具栏上的"PPAP"模板，出现如图 b 所示的窗口，将报告显示成 PPAP 报告	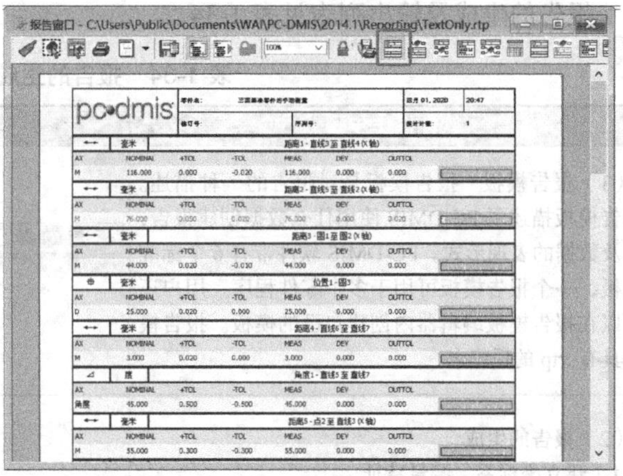 a) 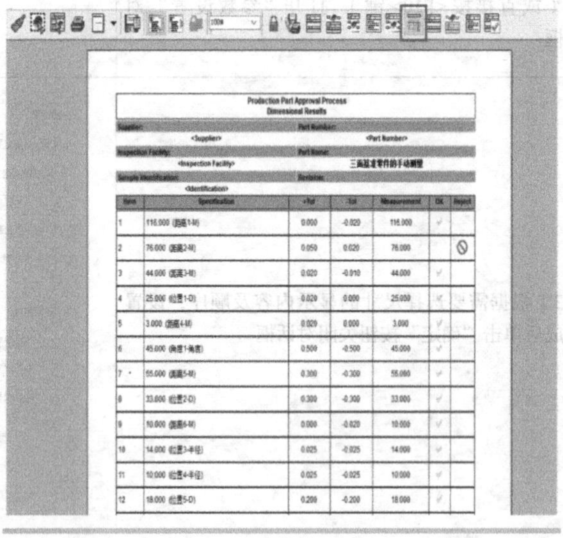 b)

（续）

软件操作步骤	操作过程图示
（3）报告的保存和打印 单击"文件"→"打印"→"报告窗口打印设置"命令，弹出"输出配置"对话框，在"报告"选项卡中，选择报告存储的位置，报告就会存储到指定的位置（如果在以上设置中选中了打印机，那么此时报告即被打印出来）	 a) b)

知识拓展

报告输出方式详解

（1）附加（Append） PC-DMIS 将当前的报告数据添加至选定的文件。注意，操作者必须指定完整路径，否则 PC-DMIS 将报告存放在与测量程序相同的目录中。此外，若不存在该文件，生成报告时将创建该文件。

（2）提示（Prompt） 程序执行完毕后，显示"另存为"对话框，通过此对话框可选择报告保存的具体路径。

（3）替换（Overwrite） PC-DMIS 将以当前的检测报告数据覆盖所选文件。

（4）自动（Auto） PC-DMIS 使用索引框中的数值自动生成报告文件名，所生成的文件名与测量程序的名称相同，但会附加数字索引和扩展名。此外，生成的文件与测量程序位于同一目录。若与生成的文件存在同名文件，则自动选项将递增索引值，直至找到唯一文件名。

在"输出配置"选项中设置 Excel 报告输出，Excel 报告输出选择如图 1-90 所示。

图 1-90　Excel 报告输出选择

模块二

三坐标测量机的自动测量

模块二包含三个学习项目，该三个项目分别以一面两圆基准零件、轴类零件及复杂箱体类零件为载体，介绍了 PC-DMIS 软件中的自动命令和几何公差的测量。模块二是模块一的进阶学习，介绍了更多的编程技巧，可提高编程的效率及质量。

项目一　一面两圆基准零件的自动测量

一、项目描述

学校数控系产学研组接到一批企业产品订单，零件图如图 2-1 所示，数量为 500 件，产品已经加工完成。现企业要求送货，并提供三坐标检测的产品出货报告。

本项目建议学时：20 课时。

二、项目图样（图 2-1）

三、项目分析

本次任务是完成图 2-1 所示零件的自动测量，主要是掌握六点定位原理在 3-2-1 法建坐标系中的运用，自动特征的应用及常见几何公差的评价。

1）通过分析图样，明确所要测量的尺寸，通过讲解部分典型尺寸的测量来完成任务的要求，部分典型尺寸见表 2-1，这些尺寸是需要在测量报告中出现的。

2）根据要测量的几何特征，选择合适的测头和摆放方式。

通过分析零件图，该零件采用竖直摆放、左右放置。配置测头角度 A90B90、A90B-90，采用通用虎钳进行装夹。

3）测量规划如下：

① 新建零件程序、校验测头。

② 手动粗建坐标系（面 - 圆 - 圆）。

③ 自动精建坐标系（面 - 圆 - 圆）。

④ 测量左表面的几何特征，工作平面：$X-$。

⑤ 测量右表面的几何特征，工作平面：$X+$。

⑥ 尺寸评价。

⑦ 程序自动运行。

⑧ 输出测量报告。

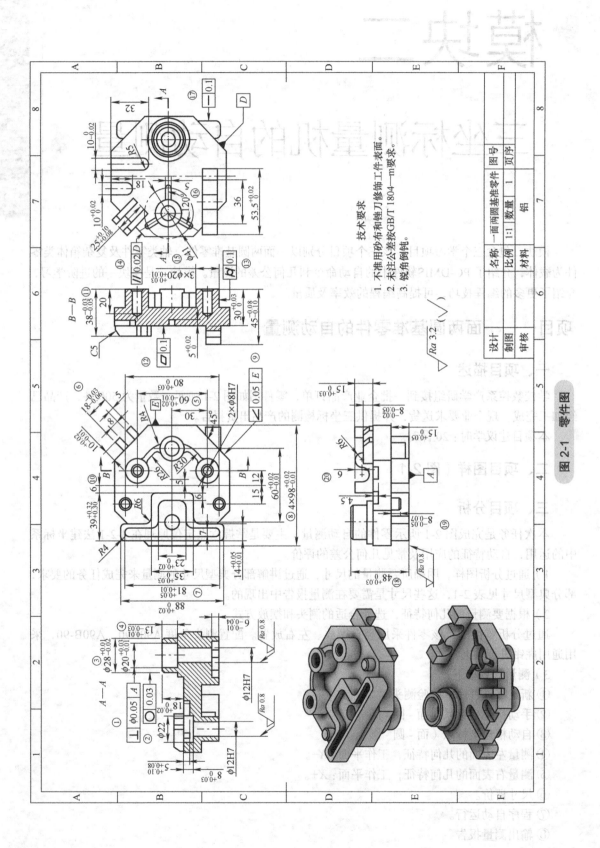

图 2-1 零件图

表 2-1　部分典型尺寸列表

序号	项目	尺寸 /mm	备注
1	①	$\boxed{\perp\ \phi 0.05\ A}$	几何公差
2	②	$\boxed{\bigcirc\ 0.03}$	几何公差
3	③	$\phi 28^{+0.01}_{-0.02}$	直径
4	④	$13^{-0.01}_{-0.03}$	尺寸 2D 距离
5	⑤	$60^{+0.02}_{+0.01}$	尺寸 2D 距离
6	⑥	$18^{-0.03}_{-0.06}$	尺寸 2D 距离
7	⑦	$81^{+0.05}_{+0.01}$	尺寸 2D 距离
8	⑧	$4 \times 98^{+0.02}_{-0.01}$	尺寸 2D 距离
9	⑨	$\boxed{\angle\ 0.05\ E}$	几何公差
10	⑩	6	尺寸 2D 距离
11	⑪	$38^{-0.03}_{-0.05}$	尺寸 2D 距离
12	⑫	$\boxed{\square\ 0.1}$	几何公差
13	⑬	$\boxed{\not b\ 0.1}$	几何公差
14	⑭	$\boxed{/\!/\ 0.02\ D}$	几何公差
15	⑮	$\phi 41$	直径
16	⑯	$120°$	角度
17	⑰	$\boxed{-\ 0.1}$	几何公差
18	⑱	$48^{+0.03}_{0}$	尺寸 2D 距离
19	⑲	$8^{-0.05}_{-0.07}$	尺寸 2D 距离
20	⑳	6	尺寸 2D 距离

四、项目目标

1）能正确运用"面 - 圆 - 圆"精建零件坐标系。

2）能正确表述六点定位原理在 3-2-1 法建立零件坐标系中的应用。

3）能正确运用三坐标测量机自动测量圆和圆柱。

4）能熟练掌握测头转换的步骤。

5）能正确运用坐标系的平移与旋转。

6）能正确评价常见的几何公差。

五、项目实施

任务 1　零件坐标系的建立

（一）3-2-1法的应用（六点定位原理）

1. 空间直角坐标系自由度的概念

在空间直角坐标系中，任意零件均有六个自由度，即沿 X、Y、Z 轴的平移自由度和绕 X、Y、Z 轴的旋转自由度，如图 2-2 所示。

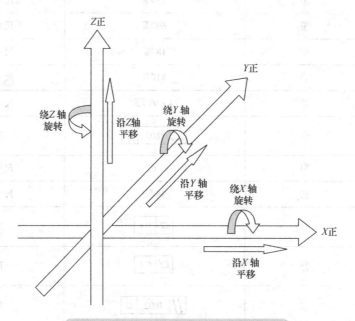

图 2-2　空间直角坐标系下的六个自由度

2. 3-2-1法建立零件坐标系的基本原理

以模块一项目一中的图 1-1 所示零件为例，来介绍 3-2-1 法建立零件坐标系的基本原理。如图 2-3 所示，建立零件坐标系的特征元素有面、线、点。

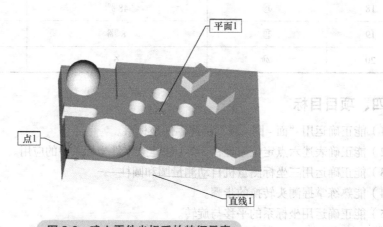

图 2-3　建立零件坐标系的特征元素

1）测量平面，零件找正。利用平面的矢量方向设定第一轴（Z 轴）的方向及原点，约束了 X、Y 轴的旋转自由度和 Z 轴的移动自由度，共约束三个自由度。

2）测量直线，通过矢量方向 (起始点指向终止点) 作为第二轴向，设定 X 轴的方向及 Y 轴的原点，约束了 Y 轴的旋转自由度和 Y 轴的移动自由度，共约束两个自由度。

3）测取一点，确定最后一个轴向的零点，锁定最后一个 X 轴的移动自由度。

（二）使用"面 - 圆 - 圆"精建零件坐标系

经过模块一中项目二的学习，已经掌握了 3-2-1 法中"面 - 线 - 点"建立零件坐标系的方法及步骤，现以本项目零件（图 2-1）为例，介绍 3-2-1 法中"面 - 圆 - 圆"建立零件坐标系的步骤，具体见表 2-2。

表 2-2 "面 - 圆 - 圆"建立零件坐标系的步骤

软件操作步骤	操作过程图示
（1）分析图样，正确安装零件 通过分析零件图，该零件采用竖直摆放、左右放置。配置测头角度 A90B90、A90B-90，采用通用虎钳进行装夹	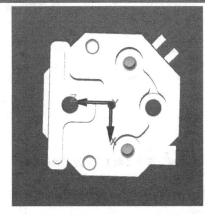 零件的装夹
（2）粗建坐标系 1）创建平面，确定第一轴线。通过分析图样，得知第一基准 A 是平面。采平面 1，用平面 1 的矢量方向确定第一轴线 X 轴的负方向，约束了 Y 轴的旋转自由度和 Z 轴的旋转自由度	 平面1　=特征/平面，直角坐标，三角形 理论值/<-30, 8.534, 1.9953>, <-1, 0, 0> 实际值/<-30, 8.534, 1.9953>, <-1, 0, 0> 测定/平面，3 触测/基本，常规，<-30, 43.8492, 22.038>, <-1, 0, 0>, <-30, 43.8492, 22.03 触测/基本，常规，<-30, 19.4745, -14.4062>, <-1, 0, 0>, <-30, 19.4745, -14 触测/基本，常规，<-30, -37.7219, -1.6458>, <-1, 0, 0>, <-30, -37.7219, -1 终止测量/ A1　=坐标系/开始，回调:启动，列表=是 建坐标系/找平，X负，平面1

（续）

软件操作步骤	操作过程图示

2）创建两圆，选取两圆确定第二轴线。通过分析图样，得知第二基准 B 及第三基准 C 分别是两个内圆柱的轴线。根据基准系的要求，选取基准 B 及基准 C 对应的小圆构造直线来做旋转轴，确定第二轴线 Y 轴。采圆1、圆2时，要注意工作平面的选取；选择圆1、圆2时，要注意圆1、圆2的选取顺序，选取的先后顺序决定了直线的矢量方向。该步骤确定了 Y 轴的旋转方向，约束了 X 轴的旋转自由度

```
        工作平面/X正
圆1     =特征/圆, 直角坐标, 内, 最小二乘方
        理论值<6.0653, -30, 0>,<1, 0, 0>, 12
        实际值<-23.9347, -30, 0>,<1, 0, 0>, 12
        测定/圆, 3, X 正
            触测/基本, 常规,<5.2585, -24.9835, -3.2917>,<0, -0.8360762, 0.548613
            触测/基本, 常规,<6.9378, -33.2796, 5.0244>,<0, 0.5465937, -0.837398>
            触测/基本, 常规,<5.9996, -34.9863, -3.3371>,<0, 0.8310583, 0.5561853
        终止测量/
圆2     =特征/圆, 直角坐标, 内, 最小二乘方
        理论值<13.9053, 30, 0>,<1, 0, 0>, 12
        实际值<-16.0947, 30, 0>,<1, 0, 0>, 12
        测定/圆, 3, X 正
            触测/基本, 常规,<16.066, 29.0485, 5.9241>,<0, 0.1585904, -0.9873445>
            触测/基本, 常规,<10.7867, 24.8604, -3.096>,<0, 0.8565933, 0.5159922>
            触测/基本, 常规,<14.8633, 35.5305, -2.3266>,<0, -0.921756, 0.3877703>
        终止测量/
A2      =坐标系/开始, 回调:A1, 列表=是
        建坐标系/旋转圆, Y正, 至, 圆1, AND, 圆2, 关于, X负
        建坐标系/平移, Y轴, 圆1
        建坐标系/平移, Z 轴, 圆1
        建坐标系/平移, X轴, 平面1
        坐标系/终止
```

3）确定三轴原点。选中平面1，作为 X 轴的原点，约束了 X 轴的移动自由度。选中圆1，作为 Y 轴及 Z 轴的原点，约束了 Y 轴、Z 轴的移动自由度

（3）精建坐标系 精建坐标系的方法和粗建坐标系的方法一样，如右图所示，在此不作重复介绍。精建坐标系时，要求各特征的采点数尽量均布，以提高坐标系的精度

任务 2　程序的编写（自动测量）

1. 自动测量圆

用于测量指定截面上的内圆或外圆。

单击"插入"→"特征"→"自动"（快捷键 <Ctrl+F>）→圆"命令（图 2-4），弹出"自动特征 [圆 3]"对话框，如图 2-5 所示。

图 2-4　单击"插入"→"特征"→"自动"→"圆"命令

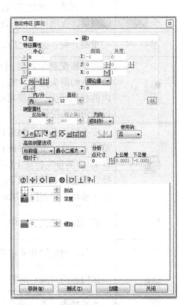

图 2-5　"自动特征"对话框

自动特征工具栏如图 2-6 所示。

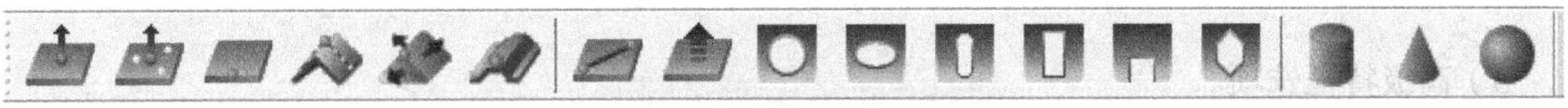

图 2-6　自动特征工具栏

（1）测量参数

1）特征属性。

中心：显示特征位置 X、Y、Z 轴坐标的标称值。即所要测量圆的理论圆心位置的坐标值。

坐标切换：用于直角坐标系和极坐标系之间的切换。

曲面：指元素特征的矢量方向，由于圆是二维元素，所以矢量方向与投影平面相同。例如：在 Z+ 平面上有一个直孔，在孔里创建一个特征圆，那么它的曲面参数 I、J、K 应设置为 1、0、0。

角度：定义绕法线矢量的 0° 位置，即测量特征元素的起始点位置的矢量方向。例如：在 Z+ 平面上测量一个圆，测量的起始点从圆的 X+ 方向开始，那么它的角度参数 I、J、K 应设置为 1、0、0。

内 / 外：用于设定测量的圆是内圆还是外圆。

直径：用于输入测量圆的直径。

2）测量属性。

起始角和终止角：测量圆的起始角度和终止角度。起始角和终止角的定义是以角度参数为准来进行计算的。

方向：控制测点的方向，CCW 表示按逆时针测量，CW 表示按顺时针测量。

"自动特征"对话框中各参数图标的含义见表 2-3。

表 2-3　各参数图标的含义

图 标	描 述	备 注
	测量开关：选中此项，单击"创建"按钮，开始进行特征元素的测量，否则只生成程序	
	重测开关：选中之后，将在第一次测量的基础上再测量一遍	
	自动匹配测量角度：PC-DMIS 将选择与特征元素最佳逼近方向最接近的测头位置。如果 PC-DMIS 可以找到处于测座角度公差以内的校验测尖，将使用这些测尖代替未校验测尖，以便获得更接近的角度匹配值	
	安全平面开关：如果选中此项，PC-DMIS 将在第一个自动触测前插入一个"安全平面移动"命令（相对于当前坐标系和零件原点）。当测量完特征上的最后一个测点后，测头将停留在测头深度处，直至被调用测下一个特征。使用安全平面可减少需定义的中间移动，因而能缩减编程时间	在 DCC 模式下有效，并且已定义安全平面
	圆弧移动开关：选中之后，在测量时测头移动轨迹为圆弧	仅适用于圆、圆柱、圆锥，对球是默认的
	显示触测位置开关：选中之后显示触测点	
	法向视图开关：沿着法向矢量方向显示图形	在 DCC 模式下有效
	水平视图开关：沿着与法向矢量方向垂直的方向显示图形	在 DCC 模式下有效
	测头工具栏开关：选中之后将显示测头工具栏	
	显示测量点开关	仅对测量过的特征有效

3）高级特征选项。

⊕测量：用于设置特征的测点数、深度、螺距等，如图 2-7 所示。

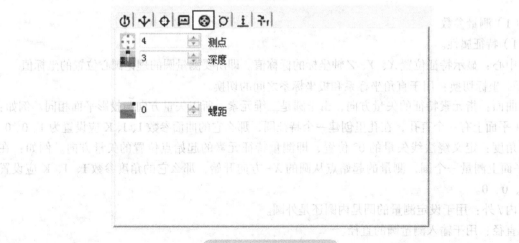

图 2-7　测量参数设置

对于孔的深度测量，由孔的上平面向下进行计算；对于外圆的深度测量，由底部向顶部进行计算，如图 2-8 所示。

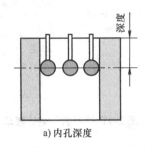 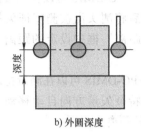

a) 内孔深度　　　　　　　　　　　　b) 外圆深度

图 2-8　圆特征深度测量示意图

➤ 采样例点：用来测量圆的投影面。选中之后显示"采样例点"输入框，可以设置采样例点数目，以及采样例点到圆周的距离，如图 2-9 所示。

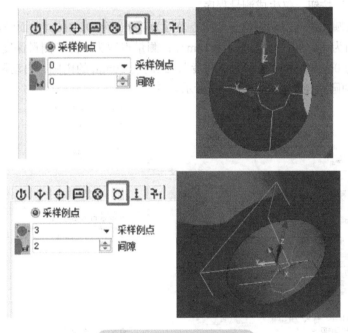

图 2-9　采样例点参数设置

采样例点参数设置一般应用在测量特征的投影面不是直面而是斜面的情况下。

自动安全距离：定义 PC-DMIS 在采样例点前或特征测量完毕后是否产生自动移动。如果设置了自动移动，在测量前和测量后测头将沿着被测特征矢量方向移动而不需要指定安全平面。如果没有设置，PC-DMIS 将直接进行测量。在下拉选项中有"否""两者""前""后"4 个选项，如图 2-10 所示。

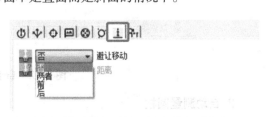

图 2-10　自动安全距离设置

"距离"框允许输入在采集样例点前和测量完特征后，测头沿被测特征矢量方向移动的距离值。只有设置了自动移动后才能输入该值。

"否"——PC-DMIS 将直接进行测量。

"两者"——PC-DMIS 可以在测量特征前和测量特征后将测头沿被测特征矢量方向自动移动"距离"框中设定的距离，如图 2-11 所示。

"前"——PC-DMIS 可以在测量特征前将测头沿被测特征矢量方向自动移动"距离"框中设定的距离。

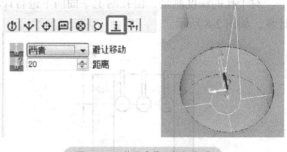

图 2-11 "两者"避让移动

"后"——PC-DMIS 可以在测量特征后将测头沿被测特征矢量方向自动移动"距离"框中设定的距离。

4）"测试"按钮。用于在创建测量之前，测试所用参数是否合适。

5）"创建"按钮。选择测量后，单击"创建"按钮，开始进行零件特征元素的测量；不选择测量，单击"创建"按钮，仅生成测量程序。

（2）自动测量圆示例 自动测量一个圆心坐标为 $X=6$、$Y=60$、$Z=0$，曲面矢量方向为（-1，0，0），角度矢量方向为（0，0，1），直径为 12mm；测量点数为 3 点，测量深度为 3mm；采样例点为 0 点，间隙为 0mm；避让移动为"两者"，距离为 20mm 的内圆，自动测量圆参数设置如图 2-12 所示，自动圆路径示意图如图 2-13 所示。

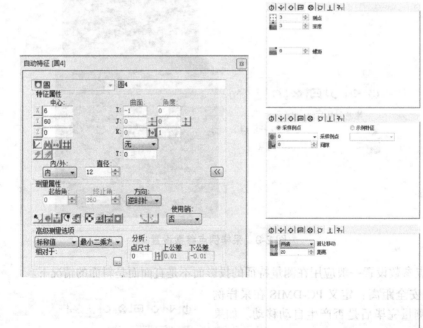

图 2-12 自动测量圆参数设置

2. 自动测量圆柱

用于测量孔或轴，至少测量两层圆截面。

单击"插入"→"特征"→"自动"→"圆柱"命令，打开如图 2-14 所示对话框。

PC-DMIS 自动圆和
圆柱的测量

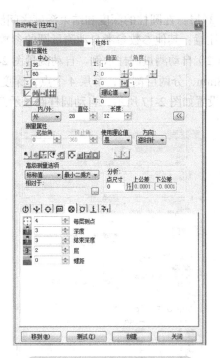

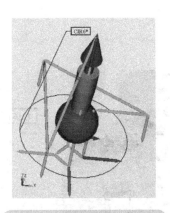

图 2-13　自动圆路径示意图

图 2-14　"自动特征"对话框

（1）测量参数

长度：用于定义圆柱的总长度。

使用理论值：检测时使用理论数据。

测头工具栏参数设置如图 2-15 所示，具体参数的含义如下。

每层测点：在每一层上测量的点数。

深度：相对于圆柱顶部的距离，其数值是相对于圆柱的理论值沿着圆柱法向矢量的相反方向偏置。

结束深度：相对于圆柱底部的距离，其数值是相对于圆柱的理论值沿着圆柱法向矢量的方向偏置。

深度示意图如图 2-16 所示。

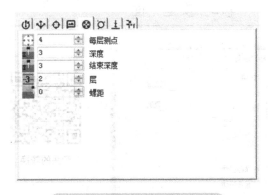

图 2-15　测头工具栏参数设置

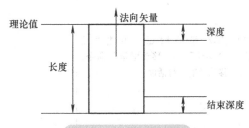

图 2-16　深度示意图

3层：在圆柱的深度和结束深度之间测量的层数，每层之间的距离是等分的。

注意：其他参数参考自动测量圆的参数。

（2）自动测量圆柱示例 自动测量图 2-1 中的③号尺寸，坐标值为 $X=35$、$Y=60$、$Z=0$，直径为 28mm，分两层测量，每层 4 个点，深度为 3mm，结束深度为 3mm 的外圆柱，自动测量圆柱参数设置如图 2-17 所示，自动圆柱路径示意图如图 2-18 所示。

图 2-17 自动测量圆柱参数设置

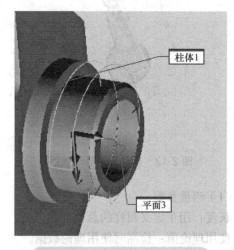

图 2-18 自动圆柱路径示意图

3. 测头的转换

在测量一个完整的零件时，需要对测头进行相关的转换以实现零件各个方向的测量。该零件有 $X+$ 和 $X-$ 两个方向的结构需要测量，测头转换步骤见表 2-4。

表 2-4 测头转换步骤

软件操作步骤	操作过程图示
1）复制安全平面语句，粘贴到程序末尾	移动/安全平面
2）插入移动增量。单击"插入"→"移动"→"移动增量"命令，弹出"移动增量"对话框	移动增量 移动 X 0 Y 0 Z 150 确定 取消 ☑保存移动 ☐准备移动 测头的转换

（续）

软件操作步骤	操作过程图示
3）转换测头角度	 移动/安全平面 移动/增量,〈0,0,150〉 移动/安全平面 测尖/A90B-90，支撑方向 IJK=1，0，0，角度=0 END OF MEASUREMENT FOR **转换测头角度后的程序段**
4）删除安全平面。删除移动增量与测头转换之间的安全平面	移动/安全平面 移动/增量,〈0,0,150〉 测尖/A90B-90，支撑方向 IJK=1，0，0，角度=0
5）添加新的安全平面	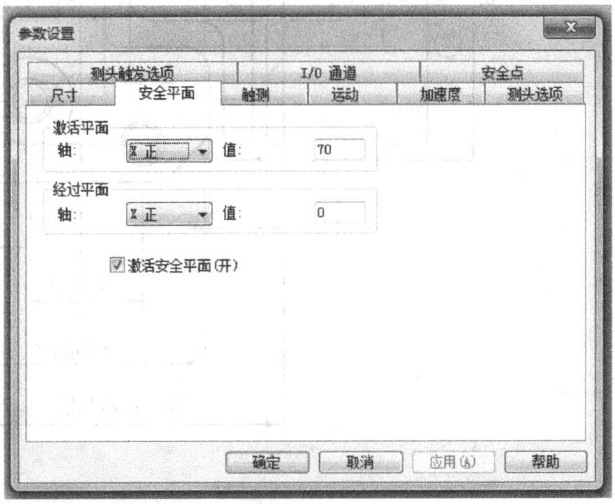 **添加安全平面设置**
6）完成测头转换	移动/安全平面 移动/增量,〈0,0,150〉 测尖/A90B-90，支撑方向 IJK=1，0，0，角度=0 安全平面/X正,70,X正,0,开 END OF MEASUREMENT FOR
7）转换测头前，测针方向为 X+；转换测头后，测针方向为 X-	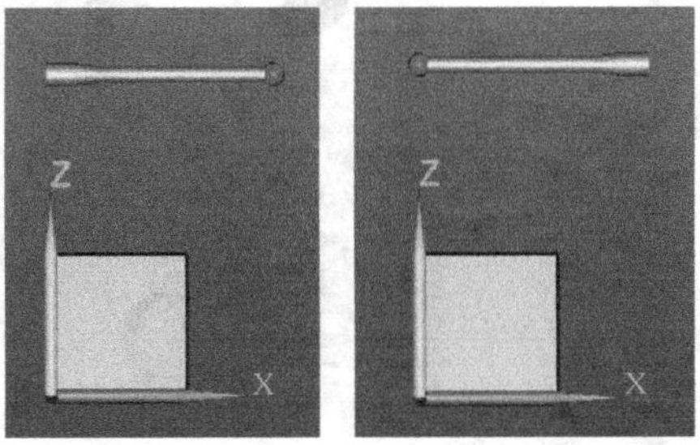 a) b)

4. 坐标系的平移与旋转

根据零件测量的需求建立坐标系，在一些比较复杂的零件中，尤其是组合而成的零件中，坐标系的平移和角度的旋转是非常必要的。如图 2-19 所示，需要把坐标系从圆 4 的圆心平移到圆 3 的圆心。

坐标系平移与旋转的操作步骤见表 2-5。

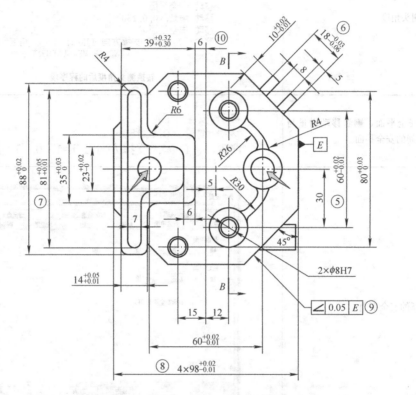

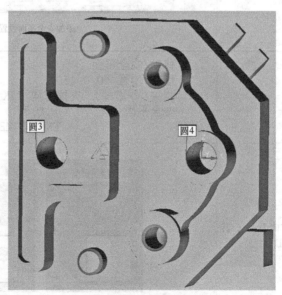

图 2-19　平移坐标系

表 2-5　坐标系平移与旋转的操作步骤

软件操作步骤	操作过程图示
（1）坐标系的平移	

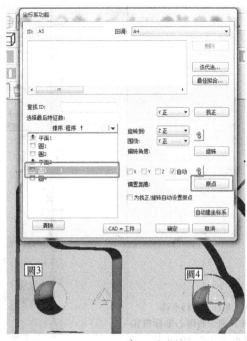

a)

方法一：选择已有元素进行平移

打开"坐标系功能"对话框，选择已有元素"圆 3"，单击"原点"按钮，如图 a 所示。坐标系即平移到该圆圆心坐标处，如图 b 所示

b)

（续）

软件操作步骤	操作过程图示
（1）坐标系的平移	

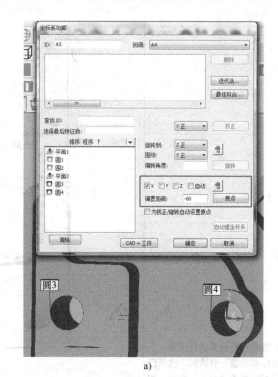

a)

方法二：输入坐标值进行平移

从图样可知，圆 3 的圆心坐标值在圆 4 圆心坐标值 X 方向 −60mm 处；打开"坐标系功能"对话框，在对话框中勾选"X"，偏置距离输入"−60"，单击"原点"按钮，如图 a 所示。坐标系即从原位置沿 X− 方向平移 60mm，如图 b 所示

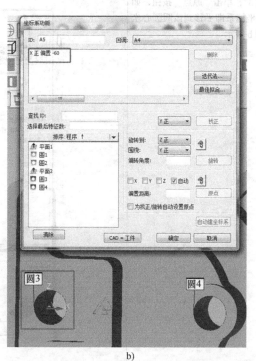

b)

（续）

软件操作步骤	操作过程图示
（2）坐标系的旋转	
将图 a 所示坐标系的 Y+ 方向围绕 Z+ 偏转 45° 打开"坐标系功能"对话框，勾选"Y"，偏转角度输入"45"，单击"旋转"按钮，如图 b 所示，坐标系的 Y+ 方向即绕 Z+ 偏转 45°，如图 c、d 所示	 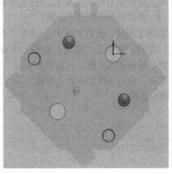 a)　　　　　　　　　　b) c)　　　　　　　　　　d)
（3）坐标系的复原	
在设置快捷工具条中，从"坐标系"下拉菜单中选择前面建好的坐标系复原即可	

5. 阵列功能的相关知识

阵列功能适用于有规则排列的一系列元素的测量，使用阵列功能可以提高编程效率。阵列分为旋转阵列、平移阵列和镜像。

如图 2-20 所示，该零件围绕中心孔有 3 个均布孔，可以采用旋转阵列功能。旋转阵列的操作步骤见表 2-6。

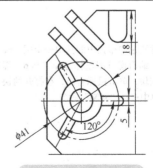

图 2-20　均布孔零件

表 2-6　旋转阵列的操作步骤

操作步骤	操作过程图示
测量旋转中心圆孔（圆 5），将坐标系 X、Y、Z 的原点平移至中心圆 如图 a 所示，选择"圆 5"，单击"原点"按钮，再单击"确定"按钮，坐标系即可移动到圆 5 圆心，如图 b 所示 另外，也可以根据图样直接输入 X、Y、Z 的偏置数值	 旋转阵列 a) 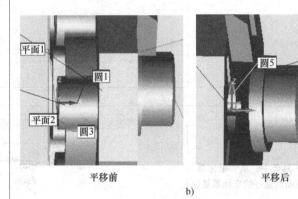平移前　　　　平移后 b)
自动测量均布孔中的其中一个圆（圆 6），在编辑窗口用鼠标选择"圆 6"程序语句块，单击鼠标右键，在打开的快捷菜单中选择"复制"命令	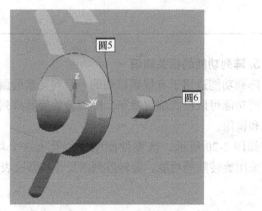

（续）

操作步骤	操作过程图示
单击"编辑"→"阵列"菜单命令，设定参数，旋转角度为120°，偏置次数为2次，然后单击"确定"按钮	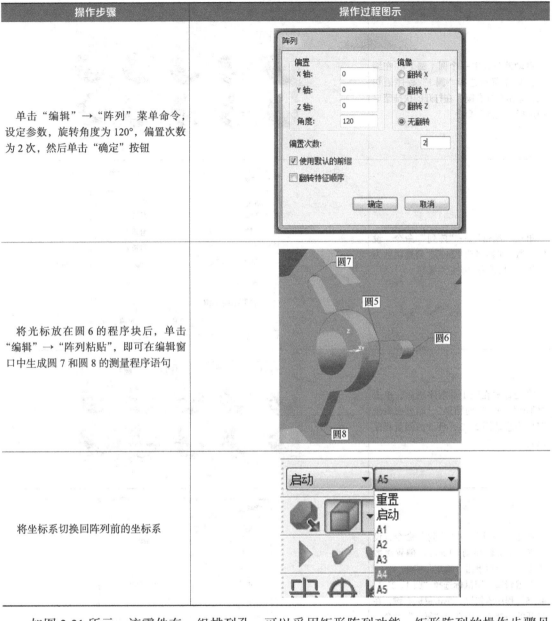
将光标放在圆6的程序块后，单击"编辑"→"阵列粘贴"，即可在编辑窗口中生成圆7和圆8的测量程序语句	
将坐标系切换回阵列前的坐标系	

如图2-21所示，该零件有一组排列孔，可以采用矩形阵列功能。矩形阵列的操作步骤见表2-7。

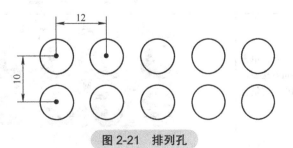

图2-21 排列孔

平移阵列

101

表 2-7　矩形阵列的操作步骤

操作步骤	操作过程图示
自动测量其中一个圆（圆1），在编辑窗口用鼠标选择"圆1"程序语句块，单击鼠标右键，在打开的快捷菜单中选择"复制"命令	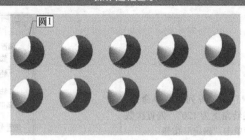
单击"编辑"→"阵列"命令，设定参数，Y轴移动12mm，偏置次数为4次，然后单击"确定"按钮	
将光标放在圆1的程序块后，单击"编辑"→"阵列粘贴"，即可在编辑窗口中生成圆2、3、4、5的测量程序语句	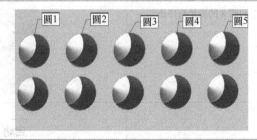
单击"编辑"→"阵列"命令，设定参数，Z轴移动-10mm，偏置次数为1次，然后单击"确定"按钮 在编辑窗口用鼠标选择"圆1、2、3、4、5"程序语句块，单击鼠标右键，在打开的快捷菜单中选择"复制"命令	
将光标放在圆5的程序块后，单击"编辑"→"阵列粘贴"，即可在编辑窗口中生成圆6、7、8、9、10的测量程序语句	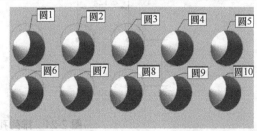

任务3 公差评价及报告评价输出

几何公差评价对话框如图 2-22 所示。

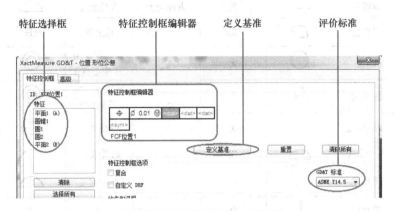

图 2-22 几何公差评价对话框

几何公差的评价步骤如下:

1）打开几何公差评价对话框（根据需评价的几何公差要求选择对应的公差符号特征）。

2）在特征选择框中选择被测特征。

3）定义基准，如果已经定义好基准则跳过这一步。

4）在特征控制框编辑器中分别选择或输入公差符号、圆形公差带、公差值、实体条件、投影符号、投影长度、基准等信息，如图 2-23 所示。

5）根据实际需要设置其他选项，如评价标准、高级选项等，不需要则跳过这一步。

6）单击"创建"按钮。

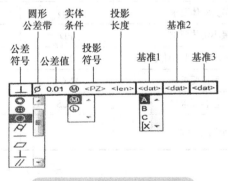

图 2-23 特征控制框编辑器

知识链接:

1. 几何公差的特征项目符号

按国家标准 GB/T 1182—2018《产品几何技术规范（GPS） 几何公差 形状、方向、位置和跳动公差标注》的规定，几何公差特征项目符号共有 14 个，各项目的名称及符号见表 2-8。

表 2-8　几何公差特征项目的名称及符号

公差类型	特征项目	符号	有无基准	公差类型	特征项目	符号	有无基准
形状公差	直线度	——	无	方向公差	面轮廓度	⌒	有
	平面度	▱	无	位置公差	位置度	⊕	有或无
	圆度	○	无		同心度（用于中心点）	◎	有
	圆柱度	⌭	无		同轴度（用于轴线）	◎	有
	线轮廓度	⌒	无		对称度	═	有
	面轮廓度	⌒	无		线轮廓度	⌒	有
方向公差	平行度	∥	有		面轮廓度	⌒	有
	垂直度	⊥	有	跳动公差	圆跳动	↗	有
	倾斜度	∠	有		全跳动	⌰	有
	线轮廓度	⌒	有				

2. 几何公差常用的附加符号

国家标准 GB/T 1182—2018 中还定义了几何公差常用的附加符号，各符号及说明见表 2-9。

表 2-9　几何公差常用附加符号及说明

符号	说明	符号	说明
50	理论正确尺寸	CZ	公共公差带
ⓟ	延伸公差带	LD	小径
Ⓜ	最大实体要求	MD	大径
Ⓛ	最小实体要求	PD	中径、节径
Ⓕ	自由状态条件（非刚性零件）	LE	线素
Ⓡ	可逆要求	NC	不凸起
Ⓔ	包容要求	ACS	任意横截面
⌀↗	全周（轮廓）		

3. 几何公差类型

（1）形状公差　形状公差是被测要素的提取要素对其理想要素的变动量。

理想要素的形状由理论正确尺寸或（和）参数化方程定义，理想要素的位置由对被测要素的提取要素采用最小区域法（切比雪夫法）、最小二乘法、最小外接法和最大内接法进行拟合得到的拟合要素确定。最小区域法为 PC-DMIS 特征尺寸框（FCF）评价方法的默认算法，如果使用传统评价方式评价形状误差，则默认使用最小二乘法。

（2）方向公差　方向公差是被测要素的提取要素对具有确定方向的理想要素的变动量。

理想要素的方向由基准及理论正确尺寸（角度）确定。方向公差值用定向最小包容区域（简称定向最小区域）的宽度或直径表示。

（3）位置公差 位置公差是被测要素的提取要素对具有确定位置的理想要素的变动量。理想要素的位置由基准和理论正确尺寸确定。位置公差值用定位最小包容区域（简称定位最小区域）的宽度或直径表示。

（4）跳动公差 跳动公差是被测要素绕基准要素回转过程中所允许的最大跳动量，也就是指示器在给定方向上指示的最大读数与最小读数之差的允许值。跳动公差可分为圆跳动和全跳动。

4．几何公差评价对话框内容

几何公差评价对话框包含两个页面，即特征控制框和高级，每一个页面包含很多控制项，根据不同的几何公差选择，页面会有部分区别。

（1）特征控制框页面 特征控制框页面可以选择用于特征控制框尺寸的特征，可以定义基准特征，并且可以提供一个编辑器来定义在特征控制框用到的特定符号、公差值和基准，还可以预览建立的特征控制框的当前状态。特征控制框页面中各项目解释见表2-10。

表2-10 特征控制框页面中各项目解释

项目名称	解释
标识（ID）	特征控制框的名字，可以在此处进行相应的修改
特征	此列表显示特定特征控制框类型可用的特征。一些特征在零件程序中存在，但可能不适用于特定的特征控制框。例如，在评价圆度时，面特征就不可用
基准	列出所有用基准定义指令定义完成的基准。此列表只会列出编辑窗口中当前光标位置以上的基准特征
引导线	此列表显示和用户从特征列表选择的同样的特征。每一个特征有一个相应的复选框。当选择一个特征的复选框时，PC-DMIS会在图形显示窗口从特征控制框到那个特征之间画一条引导线。在缺省情况下，PC-DMIS开始显示所有可能的引导线，但用户可以取消相应特征复选框的选择，以关闭引导线的显示
特征控制框编辑器	在此区域可以进行特征控制框的修改。当特征控制框一个字段为空时，会显示一小段用尖括号括起来的字符，各字符的含义解释如下： <MC>—材料状态、<D>—直径、<Dim>—特征控制框的尺寸信息、<PZ>—投影区域、<num>—特征数量、<nom>—特征尺寸标称值、<+to1>—正公差、<-to1>—负公差、<to1>—公差、<dat>—基准、<sym>—尺寸信息符号、<add notes here>—备注字段（第一行）、<add optional design notes>—可选设计备注（最后一行）
定义基准	单击此按钮即可进入"基准定义"对话框，允许用户为当前特征控制框的尺寸信息定义基准
特征控制框选项	此选项根据评价的几何公差项目不同，会出现不同的勾选项目，如评价平面度时，会出现"每个单元"勾选项，评价位置度时会出现"复合"勾选项，可根据需要进行勾选
GD&T标准	几何公差评价标准的选择
动作和进程	描述了相关的指令和提示，以帮助用户建立有效的特征控制框
预览	显示当前设置下的特征控制框的预览状态。它不会显示任何空的字段或空的描述，尽管这些字段和描述会在特征控制框编辑器区域显示

（2）高级页面 在高级页面可以设置特征控制框尺寸信息的输出和分析选项。高级页面中各项目解释见表2-11。

表 2-11　高级页面中各项目解释

项目区域	项目名称	解释
输出区域	报告和统计	允许特征控制框将预打印的项目输出到检查报告或由统计软件（如 DATAPAGE）调用的统计文件中，或输出到两者，或两者都不输出
	单位	指定了特征控制框在测量时使用的单位，有公、英制单位可选
分析区域	报告文本分析	当选择"开"（或对位置度特征控制框选择"两者都"）时，PC-DMIS 会将用于特征控制框的每一个触测输出到检查报告和报告窗口
	报告图形分析	此列表在报告中输出特征控制框。它使用一个适于详细检查的格式。当选择"开"（或"两者都"）时，PC-DMIS 将在报告中以带颜色箭头的图形格式显示特征控制框的每个触测点的偏差。这些箭头用不同的颜色和方向代表误差的大小和方向
	CAD 图形分析	此列表和报告图形分析列表一样，唯一的区别是它在图形显示窗口进行显示
	箭头放大倍率	箭头放大倍率文本框允许在 CAD 图形分析模式设置放大箭头偏差和公差带的比例因数。如果输入"2"，则 PC-DMIS 将把每一个触测点的计算偏差放大两倍用箭头显示。箭头放大倍率文本框只用于显示，不会影响输出的文本结果
尺寸信息区域	—	此区域允许用户为特征控制框创建一个尺寸信息文本框。当勾选"当这个对话框关闭时创建尺寸信息"复选框时，PC-DMIS 会激活"编辑"按钮。用户单击"编辑"按钮打开一个对话框，从而可以设置尺寸信息指令的缺省选项
位置区域（此区域只有在创建位置度特征控制框时才可用。对其他的特征控制框类型，它显示为灰色）	坐标系	当在当前坐标系下查看评价的尺寸信息时，基准的计算可能会很难理解。此列表可以设定如何显示尺寸信息，相对于特定坐标系或相对于基准参考结构
	匹配基准	此复选框设定特征控制框是否使用了最佳拟合计算方法来查找基准参考坐标系最优的位置，以减小误差
	标称值和轴	此功能可以自定义 PC-DMS 在报告中输出哪一个轴，并允许用户手动输入标称值
	特征列表	在标称值和轴列表左边的列表显示了所有用于位置度特征控制框的特征。从此列表中选择一个特征组或特征，PC-DMIS 将显示此特征相应的轴信息
	报告轴	此列包含每个轴的复选框。选择相应的复选框即可在报告中输出相应的轴信息
	轴	此列显示所选特征的可见轴
	标称值	此列显示标称值。可以通过单击并输入新值进行更改
	+公差/-公差	正公差列和负公差列允许用户为特征控制框不同的轴输入不同的公差值。PC-DMIS 仅将这些公差值应用于和尺寸相关的轴，因为控制位置的轴使用特征控制框的主公差
	更新特征标称值	此列允许指定用户所更改的标称值，不仅应用在特征控制框还应用在特征本身

（一）形状公差的评价

1. 直线度评价

评价图 2-1 中尺寸序号⑰直线度公差，操作步骤见表 2-12。

表 2-12　直线度评价操作步骤

软件操作步骤	操作过程图示
1）选择当前的工作平面为"Y负"，测量出被测特征"直线1" 2）在菜单栏单击"插入"→"尺寸"→"直线度"命令，或从快捷工具栏中调出尺寸工具栏，单击"━"直线度图标，弹出直线度公差评价对话框	
3）在特征栏中选择"直线1"，在特征控制框编辑器中输入公差值为"0.1"，单击"创建"按钮即可	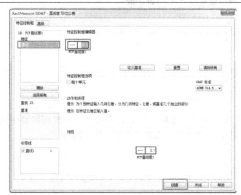

2. 平面度评价

评价图 2-1 中尺寸序号⑫平面度公差，操作步骤见表 2-13。

平面度的评价

表 2-13　平面度评价操作步骤

软件操作步骤	操作过程图示
1）测量出被测特征"平面1" 2）在菜单栏单击"插入"→"尺寸"→"平面度"命令，或从快捷工具栏中调出尺寸工具栏，单击"▱"平面度图标，弹出平面度公差评价对话框	
3）在特征栏中选择"平面1"，在特征控制框编辑器中输入公差值为"0.1"，单击"创建"按钮即可	

3. 圆度评价

评价图 2-1 中尺寸序号②圆度公差，操作步骤见表 2-14。

表 2-14　圆度评价操作步骤

软件操作步骤	操作过程图示
1）选择当前的工作平面为"Y 正"，在零件上测出被测特征"圆 1" 2）在菜单栏单击"插入"→"尺寸"→"圆度"命令，或从快捷工具栏中调出尺寸工具栏，单击"○"圆度图标，弹出圆度公差评价对话框	
3）在特征栏中选择"圆 1"，在特征控制框编辑器中输入公差值为"0.03"，单击"创建"按钮即可	

4. 圆柱度评价

评价图 2-1 中尺寸序号⑬圆柱度公差，操作步骤见表 2-15。

表 2-15　圆柱度评价操作步骤

软件操作步骤	操作过程图示
1）在零件上测出被测特征"柱体 1" 2）在菜单栏单击"插入"→"尺寸"→"圆柱度"命令，或从快捷工具栏中调出尺寸工具栏，单击"⊿"圆柱度图标，弹出圆柱度公差评价对话框	
3）在特征栏中选择"柱体 1"，在特征控制框编辑器中输入公差值为"0.1"，单击"创建"按钮即可	

知识链接：

1. 几何公差的公差带

几何公差带是用来限制被测要素变动的区域，只要被测要素完全落在给定的公差带区域内，就表示实际测得的要素符合设计要求。几何公差带具有形状、大小、方向和位置四个要素。公差带的形状由被测要素的理想形状和给定的公差特征项目所确定，常见几何公差带的形状如图2-24所示。

公差带的大小由公差值确定，是指公差带的宽度或直径。

公差带的方向和位置有浮动和固定两种。当公差带的方向和位置可以随实际被测要素的变动而变动，没有对其他要素保持一定几何关系的要求时，公差带的方向

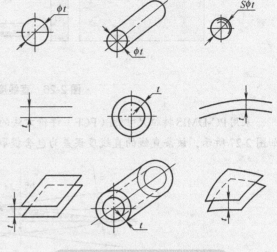

图 2-24 常见几何公差带形状

和位置是浮动的；若几何公差带的方向和位置必须和基准要素保持一定的几何关系时，则称为固定的。所以，一般位置公差（标有基准）的公差带的方向和位置是固定的，形状公差（未标基准）的公差带的方向和位置是浮动的。

2. 形状公差评价

（1）直线度 直线度是指表面的线要素或导出中心线满足是一条直线的程度。直线度应用在要素表面，其控制表面每条线要素；当直线度标注指引线箭头与尺寸线对齐时，其控制导出中心线的直线度。

表面线要素的直线度可以控制表面的单个方向或两个方向的线要素的直线度。如图2-25所示，该标注方式可以控制所指表面的视图方向的每条线要素的直线度。主视图方向的线要素应满足0.05mm的直线度，左视图方向的线要素应满足0.1mm的直线度。

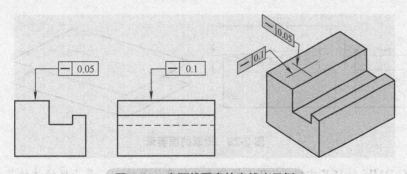

图 2-25 表面线要素的直线度示例

如图2-26a所示，该平面在主视图方向上的所有线要素应满足0.02mm的直线度。图2-26b为在被测面上提取的线要素，该条直线轮廓上的各点都应落在距离为0.02mm的两平行直线之间。

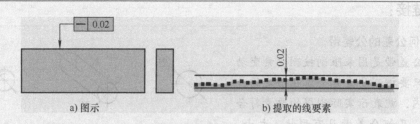

a）图示   b）提取的线要素

图2-26　直线度评价示例

采用PC-DMIS特征尺寸框（FCF）评价方法的默认算法——最小区域法来计算直线度误差，如图2-27所示，该条直线的直线度误差为包含提取直线的一对间距最小的平行线之间的距离。

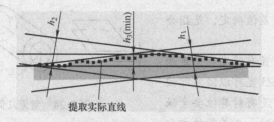

提取实际直线

图2-27　直线度误差计算示例

直线度误差 $= \min\{h_1,\ h_2,\ h_3,\ h_4,\ h_5,\ \cdots\}$

因直线度可以控制被测表面所有的线要素，故可利用直线度公差对平面度、圆柱度、垂直度、平行度、倾斜度、线轮廓度和面轮廓度进行加严控制。

（2）平面度　平面度是指一个面要素或导出中心面的所有要素在同一平面上的平整程度，平面度的公差带是两个平行平面形成的区域，是三维公差带。如

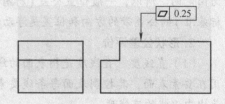

图2-28　平面度评价示例

图2-28所示，该平面在任意方向上的所有要素应满足0.25mm的平面度。图2-29为在被测面上提取的面要素，该平面上的各点都应落在距离为0.25mm的两平行平面之间。

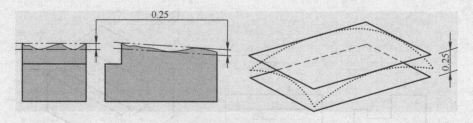

图2-29　提取的面要素

采用PC-DMIS特征尺寸框（FCF）评价方法的默认算法——最小区域法计算，平面度的评价应遵循最小包容区域判别准则：由两个平行平面包容实际被测平面时，被测平面上至少有4个极点分别与这两个平行平面接触，且要满足三角形准则或交叉准则，如图2-30所示，那么这两个平行平面之间的区域为最小包容区域，该区域的宽度为平面度误差值，即 f_{MZ} 为被测平面的平面度误差。

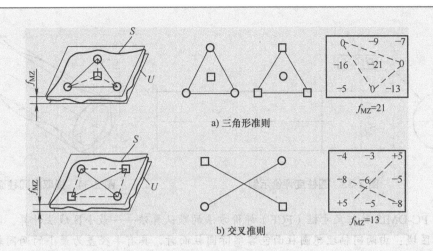

a) 三角形准则

$f_{MZ}=21$

b) 交叉准则

$f_{MZ}=13$

图 2-30 平面度最小包容区域

S—被测平面 U—最小包容区域 f_{MZ}—平面度误差

（3）圆度 对圆柱体而言，圆度是指被测表面在垂直于它轴线的每个截面上的点到其拟合圆心的等距离性；对球体而言，圆度是指通过中心的任何截面与球的相交线上的点到该中心的等距离性。圆度的公差带为具有一定半径差的两同心圆区域，为二维公差带。如图 2-31 所示，该圆柱面上的每个垂直于轴线的横截面上的圆周要素应满足 0.25mm 的圆度。图 2-32 为在被测面上提取的圆周要素，该横截面圆周上的各点都应位于距离为 0.25mm 的两同心圆之间。

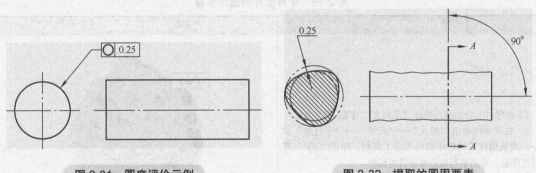

图 2-31 圆度评价示例

图 2-32 提取的圆周要素

采用 PC-DMIS 特征尺寸框（FCF）评价方法的默认算法——最小区域法计算，圆度的最小包容区域：两同心圆之间的区域内，实际圆应至少有内、外交替的四点与两包容圆接触，这个包容区域就是最小包容区域。该区域的宽度（即两同心圆的半径差）为圆度误差值。因圆度可以控制被测表面所有的圆周要素，故可利用圆度公差对尺寸公差、圆柱度、圆跳动、全跳动、线轮廓度和面轮廓度进行加严控制。

（4）圆柱度 圆柱度是指圆柱表面所有的点到轴线的等距离性。圆柱度的公差带为具有一定半径差的两同心圆柱面区域，为三维公差带。如图 2-33 所示，该圆柱面上的所有圆周要素和长度方向的直线要素都应满足 0.25mm 的圆柱度。图 2-34 为在被测圆柱面上提取的轮廓要素，该轮廓上的各点都应位于距离为 0.25mm 的两同心圆柱之间。

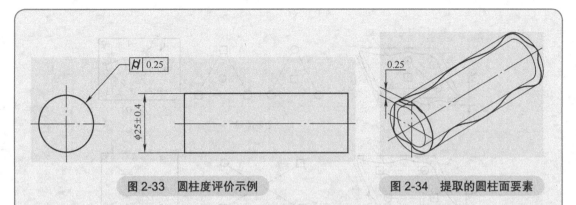

图 2-33　圆柱度评价示例　　　　　　图 2-34　提取的圆柱面要素

采用 PC-DMIS 特征尺寸框（FCF）评价方法的默认算法——最小区域法计算，圆柱度的最小包容区域：由两同轴理想圆柱面包容实际圆柱面时，具有半径差为最小的两同轴圆柱面构成的区域。两圆柱面的径向距离即为半径差，为实际圆柱面的圆柱度误差值。因圆柱度可以控制圆柱体表面，故可利用圆柱度公差对尺寸公差、圆跳动、全跳动和面轮廓度进行加严控制。

（二）方向公差的评价

1. 平行度评价

评价图 2-1 中尺寸序号⑭平行度公差，操作步骤见表 2-16。

表 2-16　平行度评价操作步骤

软件操作步骤	操作过程图示
1）在零件上分别测出特征"平面 2""平面 3" 2）在菜单栏单击"插入"→"尺寸"→"平行度"命令，或从快捷工具栏中调出尺寸工具栏，单击" ∥ "平行度图标，弹出平行度公差评价对话框	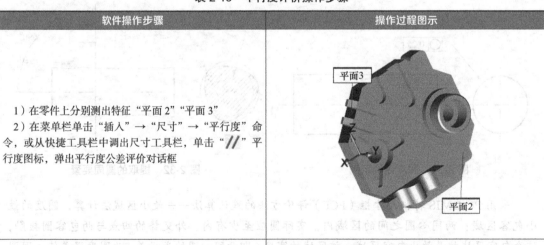
3）在特征控制框编辑器一栏单击"定义基准"按钮，弹出"基准定义"对话框，根据图样要求，在特征列表中选择"平面 2"，在基准栏输入基准符号"D"，单击"创建"按钮	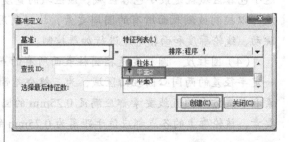

（续）

软件操作步骤	操作过程图示
4）在特征栏中选择"平面3"，在特征控制框编辑器中输入公差值"0.02"，第一基准选择"D"，单击"创建"按钮即可	

2. 垂直度评价

评价图 2-1 中尺寸序号①垂直度公差，操作步骤见表 2-17。

表 2-17 垂直度评价操作步骤

垂直度的评价

软件操作步骤	操作过程图示
1）在零件上分别测出特征"平面4""柱体2" 2）在菜单栏单击"插入"→"尺寸"→"垂直度"命令，或从快捷工具栏中调出尺寸工具栏，单击"⊥"垂直度图标，弹出垂直度公差评价对话框	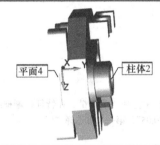
3）在特征控制框编辑器一栏单击"定义基准"按钮，弹出"基准定义"对话框，根据图样要求，在特征列表中选择"平面4"，在基准栏输入基准符号"A"，单击"创建"按钮	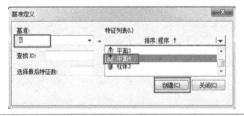
4）在特征栏中选择"柱体2"，在特征控制框编辑器中选择圆形公差带"φ"，输入公差值"0.05"，第一基准选择"A"，单击"创建"按钮即可	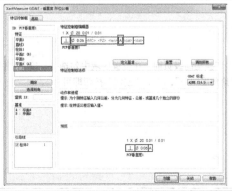

3. 倾斜度评价

评价图 2-1 中尺寸序号⑨倾斜度公差，操作步骤见表 2-18。

表 2-18　倾斜度评价操作步骤

软件操作步骤	操作过程图示
1）在零件上分别测出特征"平面 5""平面 6" 2）在菜单栏单击"插入"→"尺寸"→"倾斜度"命令，或从快捷工具栏中调出尺寸工具栏，单击"∠"倾斜度图标，弹出倾斜度公差评价对话框	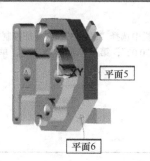
3）在特征控制框编辑器一栏单击"定义基准"按钮，弹出"基准定义"对话框，根据图样要求，在特征列表中选择"平面 5"，在基准栏输入基准符号"E"，单击"创建"按钮	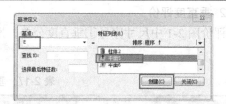
4）在特征栏中选择"平面 6"，在特征控制框编辑器中输入公差值"0.05"，第一基准选择"E"	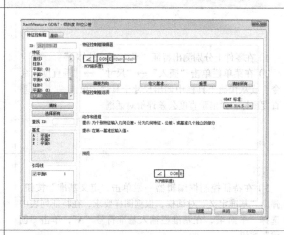
5）切换至高级页面，在位置区域中勾选"角度"，并输入理论角度"45"，单击"创建"按钮即可	

知识链接：

1. 方向公差与方向误差

（1）**方向公差的定义** 方向公差是指实际要素对其具有确定方向的理想要素的允许变动量。理想要素的方向由基准及理论正确尺寸（角度）确定。当理论正确角度为0°时，称为平行度公差；当理论正确角度为90°时，称为垂直度公差；当理论正确角度为其他任意角度时，称为倾斜度公差。方向公差包括平行度、垂直度和倾斜度，它们的被测要素和基准要素都可以为直线或平面要素，方向公差只控制要素的方向，不控制要素的位置。

（2）**方向误差的评定** 方向误差是指被测提取要素对具有确定方向的理想要素的变动量，理想要素的方向由基准确定。

评定方向误差的基本原则是定向最小包容区域（简称定向最小区域），即方向误差值用定向最小包容区域的宽度或直径表示。确定方向误差的定向最小区域的方法：以与相应的公差相同的几何形状作为包容面，使包容面与给定方向一致，将被测实际要素紧紧包容，且使其宽度或直径为最小。如图2-35所示为直线的三种定向最小区域示意图。

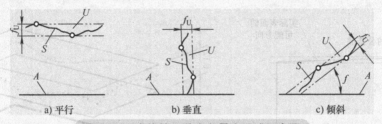

图2-35 直线的三种定向最小区域示意图

A—基准直线 S—被测直线 U—最小包容区域 f_U—直线的方向误差

2. 基准的种类

基准是建立关联被测要素方向和位置的依据。图样上标出的基准通常分为以下三种：

（1）**单一基准** 单一基准是指由一个基准要素建立的基准，如图2-1中尺寸序号①标注的基准A。

（2）**公共基准** 公共基准是指由两个或两个以上的同类要素建立的一个独立的基准，又称为组合基准。如图2-36所示，同轴度公差的基准是由两段轴线建立的组合基准A—B。

（3）**基准体系** 基准体系由三个相互垂直的基准平面构成，又称为三基面体系，如图2-37所示。

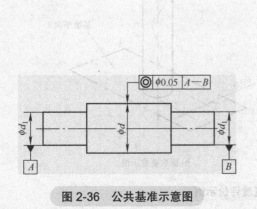

图2-36 公共基准示意图

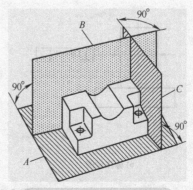

图2-37 基准体系示意图

一个三基面体系中的三个相互垂直的平面按功能要求分别称为第一、第二、第三基准平面（分别用符号 A、B、C 表示）。应用三基面体系时，应注意基准的标注顺序。如图 2-37 所示，选最重要的或最大的平面作为第一基准 A，选次要或较长的平面作为第二基准 B，选不重要的平面作为第三基准 C。

4. 方向公差评价

（1）平行度 平行度是指形体表面或中心平面上所有的点到一基准平面等距离的条件；或形体轴线到一个（或多个）基准平面或基准轴线等距离的条件。如图 2-38 所示，被测要素和基准要素都为平面要素，零件的被测平面相对于基准平面 A 应满足 0.12mm 的平行度要求。如图 2-39 所示，提取的被测平面要素必须位于平行于基准平面 A 且距离为 0.12mm 的两平行平面之间。

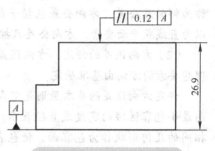

图 2-38 平行度评价示例

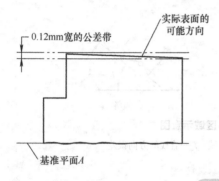
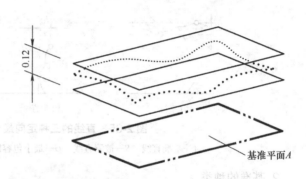

图 2-39 提取要素示例

（2）垂直度 垂直度是指要素表面、中心平面或轴线与一基准平面或基准轴线成直角的条件。如图 2-40a 所示，被测要素的轴线相对于基准平面 A 应满足 ϕ0.01mm 的垂直度要求。如图 2-40b 所示，提取的被测轴线要素必须位于垂直于基准平面 A 且直径为 0.01mm 的圆柱面内。

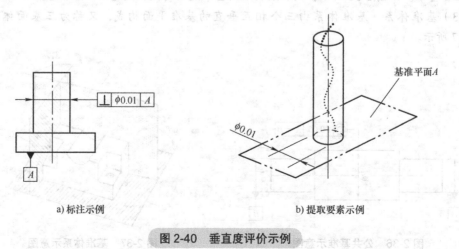

a) 标注示例   b) 提取要素示例

图 2-40 垂直度评价示例

（3）倾斜度 倾斜度是指要素表面、中心平面或轴线与一基准平面或基准轴线成一指定角度的条件。如图 2-41a 所示，零件的被测平面相对于基准平面 *A* 成 30° 夹角，角度应满足 0.4mm 的倾斜度要求。如图 2-41b 所示，提取的被测平面要素必须位于与基准平面 *A* 成 30° 夹角且距离为 0.4mm 的两平行平面之间。

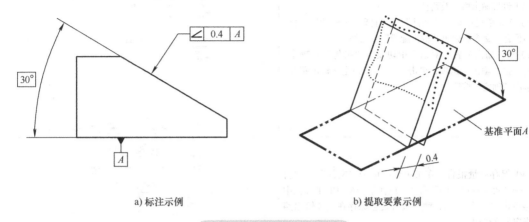

a) 标注示例   b) 提取要素示例

图 2-41 倾斜度评价示例

（三）测量报告的输出

按企业要求，将该零件的测量报告以"图形和文本"格式进行输出，具体操作步骤见表 2-19。

表 2-19 测量报告输出操作步骤

软件操作步骤	操作过程图示
（1）设置尺寸输出参数 1）在菜单栏单击"编辑"→"参数设置"→"参数"命令（或按快捷键 <F10>），打开"参数设置"对话框，切换至"尺寸"选项卡 2）根据需要选择尺寸输出的显示内容及顺序，逐一进行勾选后单击"确定"按钮关闭对话框	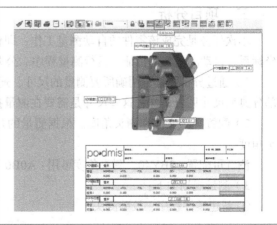
（2）检查测量结果，选择报告模板 1）将测量表中的所有尺寸进行评价后，在编辑窗口中单击鼠标右键，在打开的快捷菜单中选择"执行"→"从头开始执行"，或者按快捷键 <Ctrl+Q> 运行程序 2）程序运行完成后，在菜单栏单击"视图"→"报告窗口"命令，检查测量结果是否正确 3）在报告窗口的工具栏中，单击"▦"图标，选择将报告显示为"图形和文本"格式	

（续）

软件操作步骤	操作过程图示
（3）设置输出格式及路径 1）在菜单栏中单击"文件"→"打印"→"报告窗口打印设置"命令，弹出"输出配置"对话框 2）在"输出配置"对话框中切换至"报告"选项卡，勾选"报告输出"选项，单击"□"按钮定义输出路径，再单击"确定"按钮	
（4）保存测量报告　在菜单栏中单击"文件"→"打印"→"报告窗口打印"命令，或在报告窗口的工具栏中直接单击"🖨"图标，测量报告就会保存在刚才输出路径指定的文件中	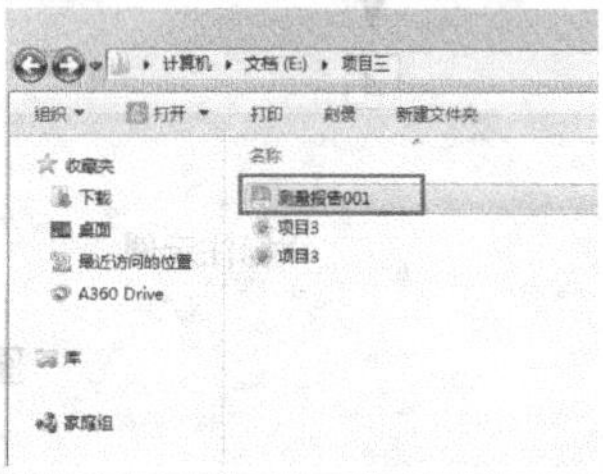

项目二　轴类零件的自动测量

一、项目描述

学校数控系产学研组接到一批企业产品订单，零件图如图 2-42 所示，数量为 500 件，产品已经加工完成。现企业要求送货，并提供三坐标检测的产品出货报告。本次的学习任务是根据生产部门提供的 CAD 模型，利用机器的操纵盒和测量软件中的"程序模式"进行采点编程，完成本次学习任务。

本项目建议学时：30 课时。

二、项目图样（图 2-42）

三、项目分析

本次任务是完成该零件的自动测量工作，即包括正确配置测头并校验、公共轴线法建立零件坐标系、自动测量几何特征、运行测量程序、公差评价及输出测量报告。

1）通过分析图样，明确所要测量的尺寸，通过讲解部分典型尺寸的测量来完成任务的要求，部分典型尺寸见表 2-20，这些尺寸是需要在测量报告中出现的尺寸。

2）配置测头文件和测头角度。根据测量的几何特征尺寸、位置，配置合适的测针文件和测头角度。

测针可配置：2BY40，测头角度可用：A0B0、A90B0、A90B180。

3）测量规划如下：

① 新建零件程序、校验测头。

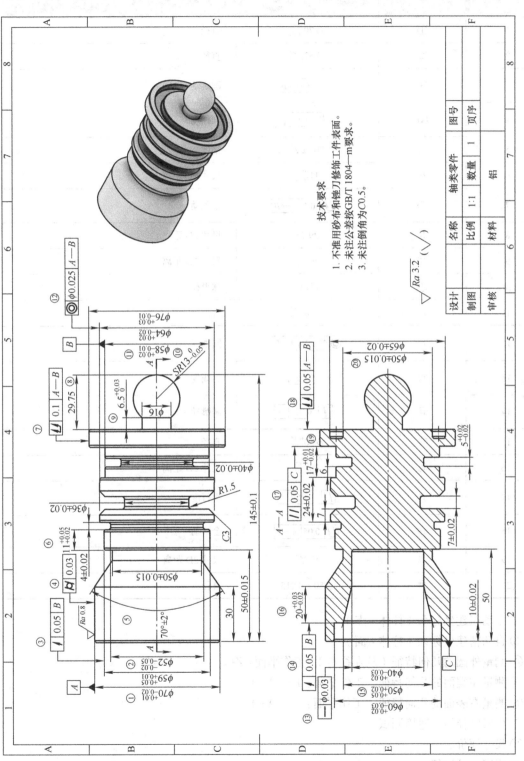

图 2-42　零件图

技术要求
1. 不准用砂布和锉刀修饰工件表面。
2. 未注公差按GB/T 1804—m要求。
3. 未注倒角为C0.5。

$\sqrt{Ra\,3.2}$　(√)

名称	轴类零件	图号	
比例	1:1	数量	1
材料	铝	页序	1

| 设计 | | 制图 | | 审核 | |

表 2-20　部分典型尺寸

序号	项目	尺寸 /mm	备注
1	①	$\phi 70^{+0.01}_{-0.02}$	直径
2	②	$\phi 52^{-0.02}_{-0.05}$	直径
3	③	$\boxed{\nearrow\ \ 0.05\ \ B}$	圆跳动
4	④	$\boxed{\text{⌭}\ \ 0.03}$	圆柱度
5	⑤	$70° \pm 2°$	锥度
6	⑥	$11^{+0.05}_{+0.02}$	尺寸 2D 距离
7	⑦	$\boxed{\text{⌰}\ \ 0.1\ \ A—B}$	全跳动
8	⑧	29.75	尺寸 2D 距离
9	⑨	$6.5^{+0.03}_{0}$	尺寸 2D 距离
10	⑩	$SR13^{0}_{-0.05}$	球半径
11	⑪	$\phi 58^{+0.02}_{-0.01}$	直径
12	⑫	$\boxed{\text{◎}\ \ \phi 0.025\ \ A—B}$	同轴度
13	⑬	$\boxed{—\ \ \phi 0.03}$	直线度
14	⑭	$\boxed{\nearrow\ \ 0.05\ \ B}$	圆跳动
15	⑮	$\phi 50^{+0.05}_{+0.02}$	直径
16	⑯	$20^{+0.03}_{-0.02}$	尺寸 2D 距离
17	⑰	$\boxed{//\ \ 0.05\ \ C}$	平行度
18	⑱	$\boxed{\text{⌰}\ \ 0.05\ \ A—B}$	全跳动
19	⑲	$17^{+0.01}_{-0.02}$	尺寸 2D 距离
20	⑳	$\phi 50 \pm 0.015$	直径

② 手动粗建坐标系（柱体 - 点）。

③ 自动精建坐标系（柱体 - 面）。

④ 测量外圆的几何特征（从左往右），工作平面：$Z+$。

⑤ 测量左端面的几何特征，工作平面：$Y-$（$X-$）。

⑥ 测量右表面的几何特征，工作平面：$Y+$（$X+$）。

⑦ 生成路径线，碰撞测试。

⑧ 尺寸评价。

⑨ 程序自动运行。

⑩ 输出测量报告。

四、项目目标

1）能根据轴类零件的特点，建立零件坐标系。

2）能正确运用构造线、平面等特征。

3）能正确运用三坐标测量机自动测量圆锥、球特征。

4）能正确运用"最佳拟合"和"最佳拟合重新补偿"。

5）能区分同轴度、直线度、圆跳动和全跳动的公差带，并对其进行评价。

6）能按照检测员的工作要求，穿好工作服。

7）在工作过程中，能对精密测量仪器进行维护保养。

五、项目实施

任务 1 坐标系的建立

在前面的项目已经介绍过 3-2-1 法建立坐标系，本项目为回转体零件（图 2-42），其轴线应与车床主轴共线，由装配的孔或顶尖的面的公共轴线确定，因此可以采用公共轴线法建立坐标系。公共轴线法建立坐标系的操作步骤见表 2-21。

表 2-21 公共轴线法建立坐标系的操作步骤

软件操作步骤	操作过程图示
1. 粗建坐标系 粗建坐标系的目的是帮助三坐标测量机快速找到零件所在位置，所以此回转体零件用面、圆粗建坐标系 1）在零件左端面创建平面特征，用平面找正	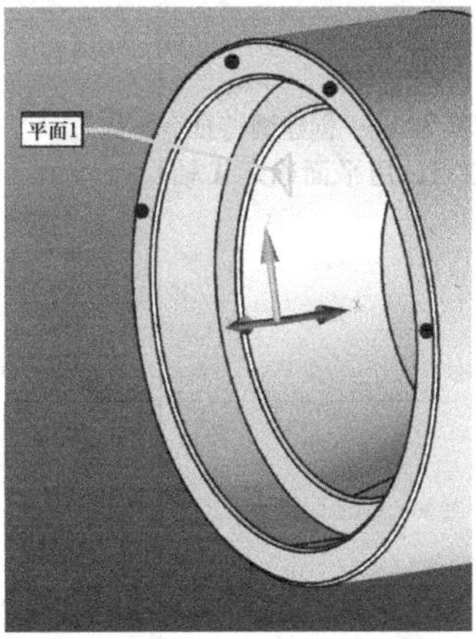 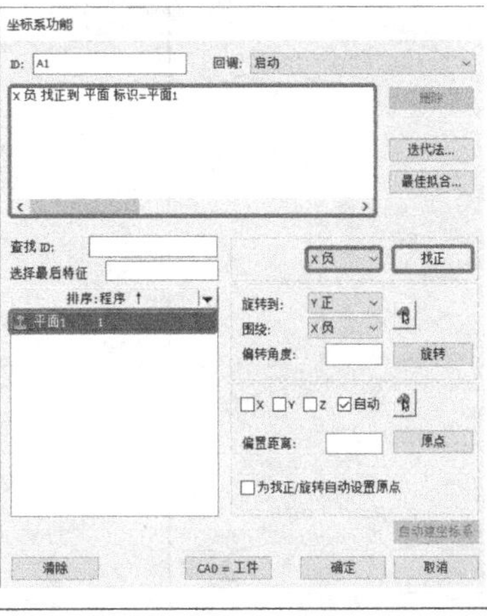

（续）

软件操作步骤	操作过程图示
2）将工作平面切换为 $X+$，创建圆特征，用圆确定 Y、Z 轴原点，用平面确定 X 轴原点	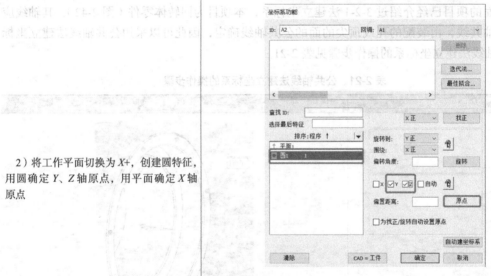 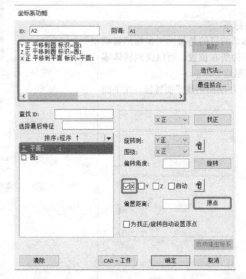

（续）

软件操作步骤	操作过程图示
2. 精建坐标系 如右图所示，基准 *A*、*B* 为左右两边圆柱体的轴线，用此两圆柱创建圆柱特征，构造公共轴线精建坐标系	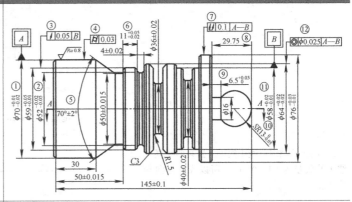
1）切换到自动模式，按 <F10> 键添加安全平面（前文已有介绍，此处不再详述）	模式/自动 安全平面/Z正,50,X正,0,开
	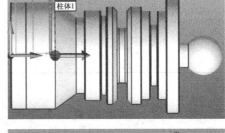 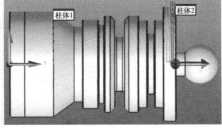
2）创建柱体 1、2，并用"最佳拟合"构造公共轴线	

（续）

软件操作步骤	操作过程图示
3）用公共轴线直线1找正。公共轴线直线1的矢量为（1，0，0），所以找正方向为X正	直线1　　=特征/直线，直角坐标，非定界，否 理论值/<30,0,0> <1,0,0> 实际值/<30,0,0> <1,0,0> 构造/直线，最佳拟合，3D,柱体1,柱体2,, 局外层 移除/关,3 过滤器/关,波长=0 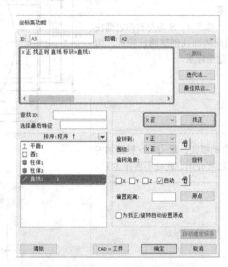
4）在左端面创建平面2，用公共轴线直线1与平面2构造刺穿点，用刺穿点定X、Y、Z轴的原点	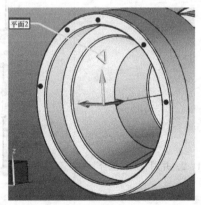 

小资料

1. 公共基准的概念及测量

在轴类产品的测量中，经常会看到公共基准的标注，典型格式为 $A—B$。公共基准由于设计思路特殊，其测量方法和应用方法对于是否遵从图样设计至关重要。

公共基准由两个或两个以上需同时考虑的基准要素建立，主要有公共基准轴线、公共基准平面、公共基准中心平面等。

（1）公共基准轴线　当由两个或两个以上的轴线组合形成公共基准轴线时，基准由一组满足同轴约束的圆柱面或圆锥面在实体外，同时对各基准要素或其提取组成要素（或提取圆柱面或提取圆锥面）进行拟合得到的拟合组成要素的方位要素（或拟合导出要素）建立，公共基准轴线为这些提取组成要素所共有的拟合导出要素（拟合组成要素的方位要素），如图 2-43 所示。

（2）公共基准平面　当由两个或两个以上表面组合形成公共基准平面时，基准由一组满足方向或（和）位置约束的平面在实体外、同时对各基准要素或其提取组成要素（或提取表面）进行拟合得到的两拟合平面的方位要素建立，公共基准平面为这些提取表面所共有的拟合组成要素的方位要素，如图 2-44 所示。

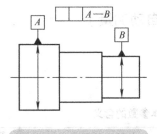

图 2-43　公共基准轴线

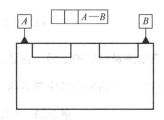

图 2-44　公共基准平面

（3）公共基准中心平面　当由两组或两组以上平行平面的中心平面组合形成公共基准中心平面时，基准由两组或两组以上满足平行且对称中心平面共面约束的平行平面在实体外，同时对各组基准要素或其提取组成要素（两组提取表面）进行拟合得到的拟合组成要素的方位要素（或拟合导出要素）建立，公共基准中心平面为这些提取组成要素所共有的拟合导出要素（拟合组成要素的方位要素），如图 2-45 所示。

参与公共基准建立的元素，原则上定位和定向的作用是平等的，因此可以当作同一个元素来测量。如图 2-46 所示，在基准 A 测量多层截圆，套用每层圆的中点；同样在基准 B 执行此操作，最终将所有套用（构造点功能）得到的中点拟合（构造直线功能）为一条 3D 空间轴线。

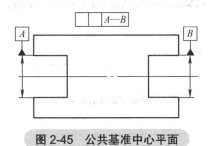

图 2-45　公共基准中心平面

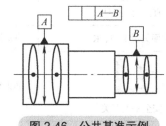

图 2-46　公共基准示例

2. "最佳拟合"和"最佳拟合重新补偿"的使用方法

"最佳拟合"和"最佳拟合重新补偿"用于构造两个或两个以上元素之间的连线。

"最佳拟合"和"最佳拟合重新补偿"的区别：最佳拟合是把已经拟合过的两个或两个以上元素之间的连线，构造出另一个独立的元素；最佳拟合重新补偿是把两个或两个以上的点进行拟合，构造出一个特征元素。

构造 2D 直线和 3D 直线的区别如图 2-47 所示，2D 直线是会投影到当前工作平面的直线，与工作平面的选择有关；3D 直线是空间直线，不会投影，与工作平面的选择无关。

2D 直线和 3D 直线只适用于最佳拟合和最佳拟合重新补偿两种构造方法。

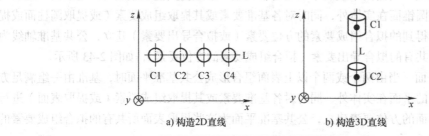

a) 构造2D直线　　　　　　　　　b) 构造3D直线

图 2-47　构造 2D 直线和 3D 直线的区别

任务 2　程序的编写（自动测量）

（一）自动测量特征的运用（自动测量圆锥、球）

"自动特征"对话框中具体参数的含义见表 2-22。

表 2-22　"自动特征"对话框中具体参数的含义

图标及名称	含义及用法
X、Y、Z 数值框	显示点特征位置的 X、Y、Z 理论值
坐标切换	用于直角坐标系和极坐标系之间的显示切换（极坐标系：以极径、角度、Z 值的极坐标方式显示特征坐标值；直角坐标系：以 X、Y、Z 直角坐标方式显示特征坐标值）
查找按钮	根据 X、Y、Z 值查找 CAD 图上最接近的 CAD 元素（有数模时才可使用）
直接读点按钮	从 CMM 上读取点，使用 CMM 读取测头当前位置为矢量点的理论值
曲面矢量 I、J、K	自动测点是该点的矢量方向
安全平面开关	如果程序中已经定义了安全平面，则测量时需激活安全平面

（续）

图标及名称	含义及用法
 测量开关	选中此选项再单击"创建"按钮，开始进行特征元素的测量，否则只生成程序
 重测开关	选中此选项，在第一次测量的基础上做矢量修正，再测一遍
 圆弧移动开关	选中此选项，在测量圆、圆柱、圆锥、球体等元素时，在测点与测点之间，测头将按圆弧移动
 显示触测点开关	选中之后在图形窗口中将显示当前元素的测量路径
 查看正视图开关	选中之后在图形窗口中将显示当前元素的法向视图
 查看俯视图开关	选中之后在图形窗口中将显示当前元素的水平视图
 显示测量点切换开关	选中之后在图形窗口中将显示当前元素的各个理论触测点
 触测路径属性	用于定义测点的数量和位置（对矢量点不可用）
触测自动移动属性	用于定义测量前和测量后测头的安全位置。在下拉选项中有"否""两者""前""后"4个选项 否：PC-DMIS不应用任何避让距离值 两者：PC-DMIS在测量特征之前和之后都应用设置的避让距离 前：PC-DMIS仅在测量特征之前应用设置的避让距离 后：PC-DMIS仅在测量特征之后应用设置的避让距离

1. 自动测量圆锥

自动测量外圆锥的操作步骤见表2-23。

PC-DMIS 自动圆锥
和球体的测量

表 2-23　自动测量外圆锥的操作步骤

软件操作步骤	操作过程图示
更换测针为"测尖 /T1A0B0" 确定元素中心坐标值（0，30，0） 单击圆锥自动测量图标，在弹出的对话框中输入相应参数：中心坐标为（0，30，0），曲面矢量为（0，-1，0），起始角度为（0,0,1）；外锥，"直径"为"70"，"长度"为"-14"；"起始角"为"-90"，"终止角"为"90"；"每层测点"为"6"，"深度"为"4"，"结束深度"为"4"，"层"为"2"；"避让移动"选择"否"	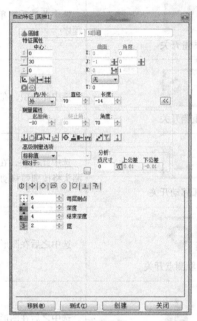 a）参数设置

b）特征点

单击"创建"按钮，在编辑窗口中创建测量圆锥的程序，运行该测量程序并调试参数设置是否合理	圆锥1 =特征/触测/圆锥/默认,直角坐标,外 理论值/<44.281,0,0>,<-1,0,0>,70,14.281,50 实际值/<44.281,0,0>,<-1,0,0>,70,14.281,50 目标值/<44.281,0,0>,<-1,0,0> 起始角=-80,终止角=80 角矢量=<0,0,1> 显示特征参数=否 显示相关参数=是 　测点数=5,层数=3,深度=2,终止补偿=2 　采样方法=样例点 　样例点=0,间隙=0 　自动移动=否,距离=10 　出筒=否,读位置=否 显示触测=否

c）外圆锥程序

自动测量内圆锥的操作步骤见表2-24。

表2-24 自动测量内圆锥的操作步骤

软件操作步骤	操作过程图示
更换测针为"测尖/T1A90B90"。 确定元素中心坐标值（0，10，0）。 单击圆锥自动测量图标，在弹出的对话框中输入相应参数：中心坐标为（0，10，0），曲面矢量为（0，-1，0），起始角度为（0，0，1)；内锥，"直径"为"50"，"长度"为"-20"；"起始角"为"0"，"终止角"为"360"；"每层测点"为"6"，"深度"为"6"，"结束深度"为"6"，"层"为"2"；"避让移动"选择"否"	 a) 参数设置
单击"创建"按钮，在编辑窗口中创建测量圆锥的程序，运行该测量程序并调试参数设置是否合理	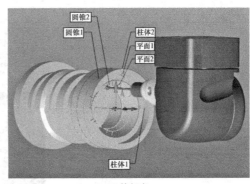 b) 特征点 圆锥2　=特征/触测/圆锥/默认,直角坐标,内 理论值/<0,10,0>,<0,-1,0>,28,-20,50 实际值/<0,10,0>,<0,-1,0>,28,-20,50 目标值/<0,10,0>,<0,-1,0> 起始角=0,终止角=360 角矢量=<0,0,1> 显示特征参数=否 显示相关参数=是 　测点数=6,层数=2,深度=6,终止补偿=6 　采样方法=样例点 　样例点=0,间隙=0 　自动移动=否,距离=10 　出错=否,读位置=否 显示触测=否 移动/安全平面 c) 内圆锥程序

2. 自动测量球

自动测量球的操作步骤见表 2-25。

表 2-25　自动测量球的操作步骤

软件操作步骤	操作过程图示
更换测针为"测尖 /T1A90B-90" 确定元素中心坐标值（0，132，0） 　单击球自动测量图标，在弹出的对话框中输入相应参数：中心坐标为（0，132，0），曲面矢量为（0，1，0），起始角度为（-1,0,0）；球，"直径"为"26"；"起始角"为"0"，"终止角"为"360"，"起始角 2"为"90"，"终止角 2"为"90"；"总测点数"为"12"，"行"为"4"	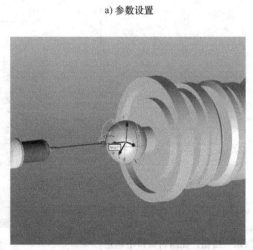 a) 参数设置

b) 特征点

单击"创建"按钮，在编辑窗口中创建测量球的程序，运行该测量程序并调试参数设置是否合理

```
球体1      =特征/触测/球体/默认,直角坐标,外,最小二乘方
         理论值/<0,132,0>,<0,1,0>,26
         实际值/<0,132,0>,<0,1,0>,26
         目标值/<0,132,0>,<0,1,0>
         起始角 1=0,终止角 1=360
         起始角 2=90,终止角 2=90
         角矢量=<-1,0,0>
         显示特征参数=否
         显示相关参数=是
           测点数=12,行数=4
           样例点=0
           自动移动=否,距离=0
         显示触测=否
```

c) 球程序

（二）构造圆特征

1. 平面与圆锥相交构造圆

如图 2-42 所示，长度为 20mm 的圆锥与左端面相交，需要应用平面与圆锥相交构造圆，才可测量 ϕ 50mm 圆。其方法是拾取圆锥特征和平面特征，然后再构造圆。平面与圆锥相交构造圆的操作步骤见表 2-26。

圆锥构造圆

表 2-26　平面与圆锥相交构造圆

软件操作步骤	操作过程图示
1）单击"插入"→"特征"→"构造"→"圆"命令，打开"构造圆"对话框 2）在构造方法中选择"相交" 3）在元素列表中选择圆锥特征和平面特征 4）单击"创建"按钮，即可构造出圆特征	

2. 圆锥指定直径构造圆（见表2-27）

圆锥与圆柱相交构造圆

表 2-27　圆锥指定直径构造圆

软件操作步骤	操作过程图示
1）单击"插入"→"特征"→"构造"→"圆"命令，打开"构造圆"对话框 2）在构造方法中选择"圆锥"，构造有直径、高度、球体三种类型可以选择，这里选择"直径" 3）在元素列表中选择圆锥特征 4）单击"创建"按钮，即可构造出圆特征	

3. 球指定直径构造圆（见表2-28）

表 2-28　球指定直径构造圆

软件操作步骤	操作过程图示
1）单击"插入"→"特征"→"构造"→"圆"命令，打开"构造圆"对话框 2）在构造方法中选择"球体"，构造有直径、球体两种类型可以选择，这里选择"直径" 3）在元素列表中选择球体特征 4）单击"创建"按钮，即可构造出圆特征	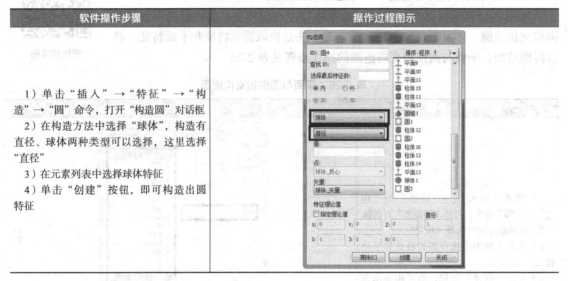

4. 圆锥与圆柱相交构造圆

如图 2-42 所示，长度为 20mm 的圆锥与 ϕ40mm 的圆柱相交，需要应用圆锥与圆柱相交构造圆，才可测量 20mm 的尺寸。其方法是拾取圆锥特征和圆柱特征，然后再构造圆。圆锥与圆柱相交构造圆的操作步骤见表 2-29。

表 2-29　圆锥与圆柱相交构造圆

软件操作步骤	操作过程图示
1）单击"插入"→"特征"→"构造"→"圆"命令，打开"构造圆"对话框 2）在构造方法中选择"相交" 3）在元素列表中选择圆锥特征和圆柱特征 4）单击"创建"按钮，即可构造出圆特征	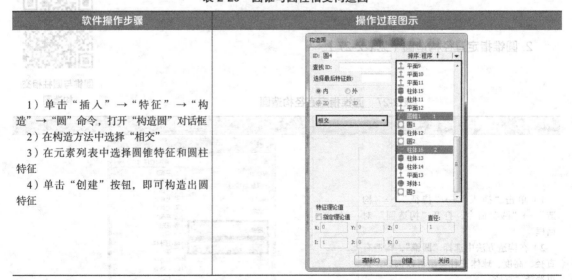

任务3　公差评价及报告评价输出

1. 形状公差及公差带

形状公差有 6 个项目：直线度、平面度、圆度、圆柱度线轮廓度和面轮廓度。被测要素有直线、平面和圆柱面等。形状公差不涉及基准，形状公差带的方位可以浮动，只能控制被测要素的形状误差。这里以直线度为例。

直线度是指零件上的直线要素实际形状保持理想直线的状况，即平直程度。

直线度公差是实际直线对理想直线所允许的最大变动量，也就是用以限制实际直线加工误差所允许的变动范围。直线度公差带的定义见表 2-30，图 2-42 中直线度评价见表 2-31。

表 2-30 直线度公差带的定义

公差特征及符号	公差带的定义	标注和解释
直线度 —	在给定平面内，公差带是距离为公差值 t 的两平行直线之间的区域	被测表面的素线必须位于平行于图样所示投影面且距离为公差值 t 的两平行直线内
	在给定方向上，公差带是距离为公差值 t 的两平行平面之间的区域	被测平面的任一素线必须位于距离为公差值 t 的两平行平面之内
	若在公差值前加注 ϕ，则公差带是直径为 t 的圆柱面内的区域	被测圆柱面的轴线必须位于直径为公差值 ϕt 的圆柱面内

表 2-31 图 2-42 中直线度评价

序号	尺寸	名称	理论值	上极限偏差	下极限偏差
13	— $\phi 0.03$	直线度	0mm	+0.03mm	0mm

评价直线度的操作步骤如下：

1）单击"插入"→"尺寸"→"直线度"，插入直线度评价命令。

2）在"特征控制框"选项卡左侧特征栏中选择被评价元素，按照图样标注在尺寸框中输入尺寸公差。

3）单击"创建"按钮，完成直线度评价命令的创建，如图 2-48 所示为直线度评价命令的创建。A：选择被测要素；B：修改评价公差、基准定义。

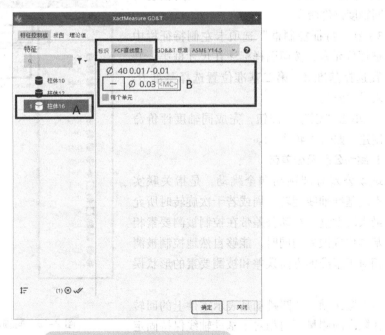

图 2-48 直线度评价命令的创建

2. 位置公差及公差带

位置公差有同心度、同轴度、对称度、位置度、线轮廓度和面轮廓度。位置公差是指关联实际要素的方向或位置对基准所允许的变动全量。位置公差带是限制关联实际要素变动的区域，被测实际要素位于此区域内为合格。这里以同轴度为例。

同轴度（同心度）是表示零件上被测轴线相对于基准轴线保持在同一直线上的状况。

同轴度公差是被测轴线相对于基准轴线所允许的变动量，用以限制被测实际轴线偏离由基准轴线所确定的理想位置所允许的变动范围。同轴度公差带的定义见表 2-32，图 2-42 中同轴度评价见表 2-33。

表 2-32　同轴度（同心度）公差带的定义

公差特征及符号	公差带的定义	标注和解释
同轴度（同心度）◎	公差带是直径为公差值 ϕt 且与基准圆心同心的圆内的区域	在任意横截面内，被测圆的实际中心应限定在直径为 t 的圆周内
	公差带是直径为公差值 ϕt 的圆柱面内的区域，该圆柱面的轴线与基准轴线同轴	大圆柱面的轴线必须位于直径为公差值 ϕt 且与公共基准线 $A—B$（公共基准轴线）同轴的圆柱面内

表 2-33　图 2-42 中同轴度评价

序号	尺寸	名称	理论值	上极限偏差	下极限偏差
12	◎ $\phi 0.025$ $A—B$	同轴度	0mm	+0.025mm	0mm

评价同轴度的操作步骤如下：

1）根据图样的要求，同轴度是有基准的，在"插入"工具栏中，单击"尺寸"→"基准定义"，将基准特征"$\phi 70$ 外圆"定义为基准 A，"$\phi 58$ 外圆"定义为基准 B。

2）单击"插入"→"尺寸"→"同轴度"，插入同轴度评价命令。

3）在"特征控制框"选项卡左侧特征栏中选择被评价元素，按照图样标注在尺寸框第一基准位置选择基准 A，第二基准位置选择基准 B，并输入尺寸公差。

4）单击"创建"按钮，完成同轴度评价命令的创建，如图 2-49 所示。

3. 跳动公差及公差带

跳动公差有圆跳动和全跳动，是指关联实际要素绕基准轴线旋转一周或若干次旋转时所允许的最大跳动量。跳动公差带在控制被测要素相对于基准位置误差的同时，能够自然地控制被测要素相对于基准的方向误差和被测要素的形状误差。

（1）圆跳动 ↗　圆跳动是表示零件上的回转表面在限定的测量面内相对于基准轴线保持固定

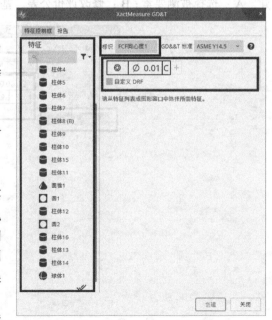

图 2-49　同轴度评价命令的创建

位置的状况。圆跳动公差是被测实际要素绕基准轴线无轴向移动地旋转一周，在限定的测量范围内所允许的最大跳动量。图 2-42 中圆跳动评价见表 2-34。

表 2-34 图 2-42 中圆跳动评价

序号	尺寸	名称	理论值	上极限偏差	下极限偏差
3	⌰ 0.05 B	圆跳动	0mm	+0.05mm	0mm

评价圆跳动的操作步骤如下：

1）单击"插入"→"尺寸"→"跳动"→"圆跳动"，插入圆跳动评价命令。

2）单击"定义基准"按钮，将基准特征"$\phi58$ 外圆"定义为基准 B。

3）在"特征控制框"选项卡左侧特征栏中选择被评价元素，按照图样标注在尺寸框第一基准位置选择基准 B，并输入尺寸公差。

4）单击"创建"按钮，完成圆跳动评价命令的创建，如图 2-50 所示。

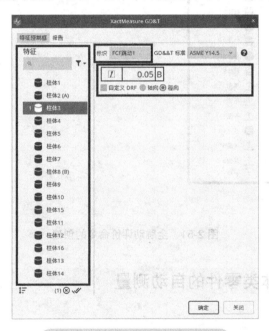

图 2-50 圆跳动评价命令的创建

（2）全跳动 ⌰⌰ 全跳动是指零件绕基准轴线连续旋转时在整个被测表面上的跳动量。全跳动公差是被测实际要素绕基准轴线连续旋转，同时指示器沿其理想轮廓相对移动时，所允许的最大跳动量。图 2-42 中全跳动评价见表 2-35。

表 2-35 图 2-42 中全跳动评价

序号	尺寸	名称	理论值	上极限偏差	下极限偏差
7	⌰⌰ 0.1 A—B	全跳动	0mm	+0.1mm	0mm

评价全跳动的操作步骤如下：

1）单击"插入"→"尺寸"→"跳动"→"全跳动"，插入全跳动评价命令。

2）单击"定义基准"按钮，将基准特征"$\phi 70$外圆"定义为基准A，"$\phi 58$外圆"定义为基准B。

3）在"特征控制框"选项卡左侧特征栏中选择被评价元素，按照图样标注在尺寸框第一基准位置选择基准A，第二基准位置选择基准B，并输入尺寸公差。

4）单击"创建"按钮，完成全跳动评价命令的创建，如图2-51所示。

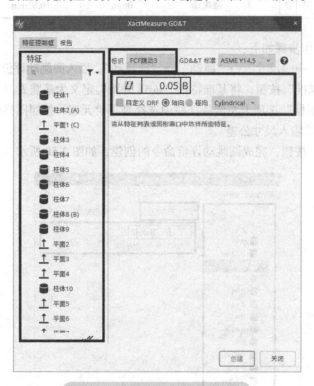

图2-51 全跳动评价命令的创建

项目三 复杂箱体类零件的自动测量

一、项目描述

学校数控系产学研组接到一批企业产品订单，零件图如图2-52所示，数量为500件，产品已经加工完成。现企业要求送货，并提供三坐标检测的产品出货报告。

本项目建议学时：30课时。

二、项目图样（图2-52）

三、项目分析

本次任务是完成该零件的自动测量工作，涉及X5测头和测头更换架的使用及简单的扫描简介，难点是公差原则及几何公差的理解及测量。

1）通过分析图样，明确所要测量的尺寸，通过讲解部分典型尺寸的测量来完成任务的要求，部分典型尺寸见表2-36，这些尺寸是需要在测量报告中出现的尺寸。

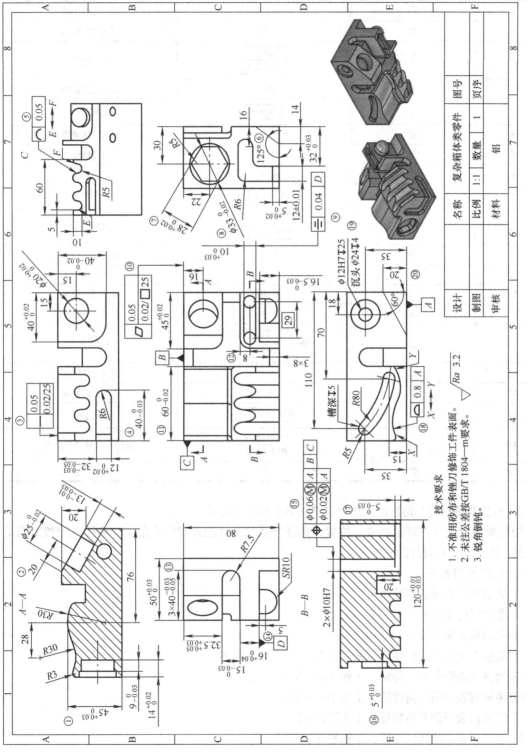

图 2-52 零件图

表 2-36　部分典型尺寸

序　号	项　目	尺　寸/mm	备　注
1	①	$45^{+0.03}_{0}$	尺寸 2D 距离
2	②	20	尺寸 2D 距离
3	③	▭ 0.05 / 0.02/25	几何公差
4	④	$40^{0}_{-0.03}$	尺寸 2D 距离
5	⑤	⌒ 0.05	几何公差
6	⑥	125°	尺寸 2D 角度
7	⑦	$28^{+0.02}_{0}$	尺寸 2D 距离
8	⑧	$\phi 33^{0}_{-0.02}$	直径
9	⑨	⌖ 0.04	D	几何公差
10	⑩	▱ 0.05 / 0.02/□25	几何公差
11	⑪	$60^{0}_{-0.02}$	尺寸 2D 距离
12	⑫	8	尺寸 2D 距离
13	⑬	$3×40^{-0.03}_{-0.05}$	尺寸 2D 距离
14	⑭	5	尺寸 2D 距离
15	⑮	⊕ $\phi0.06$Ⓜ A B C / $\phi0.02$Ⓜ A	几何公差
16	⑯	$5^{+0.03}_{0}$	尺寸 2D 距离
17	⑰	$5^{0}_{-0.03}$	尺寸 2D 距离
18	⑱	◠ 0.8 A	几何公差
19	⑲	$\phi12H7\downarrow25$ / 沉头$\phi24\downarrow4$	直径 + 尺寸 2D 距离
20	⑳	20	尺寸 2D 距离

2）根据要测量的几何特征，选择合适的测头和摆放方式。

根据要测量的几何特征尺寸、位置，选择合适的测针配置和测头角度。测针的配置能满足上、前、后、左、右特征的测量。

3）测量规划如下：

①新建零件程序、校验测头。

②手动粗建坐标系（面 - 线 - 点）。

③自动精建坐标系。

④测量上表面的几何特征（从左往右），工作平面：Z+。

⑤测量左表面的几何特征，工作平面：X−。

⑥测量右表面的几何特征，工作平面：X+。

⑦测量前表面的几何特征，工作平面：Y−。

⑧测量后表面的几何特征，工作平面：Y+。

⑨尺寸评价。

⑩ 程序自动运行。

⑪ 输出测量报告。

四、项目目标

1）能根据零件的测量需要，正确配置 X5 测头文件。

2）能正确校验测头更换架，并正确使用。

3）能正确添加测针列表中没有的测针型号。

4）能正确运用三坐标测量机自动测量特征（自动点、线、面）。

5）能正确运用扫描功能（截面扫描、开线扫描、闭线扫描、周边扫描）。

6）能正确进行线轮廓度的评价。

7）能正确进行面轮廓度的评价。

8）能正确进行对称度的评价。

9）能正确进行复合位置度的评价。

10）能正确进行直线度的评价。

11）能正确进行平面度的评价。

12）能正确输出 Excel 格式的测量报告。

五、项目实施

任务 1 测头更换架的使用

（一）测头更换架的简介

为了面对全球日趋严重的同业竞争压力，如今生产现场往往非常重视如何提高加工效率，同时降低生产成本，但是更为关键的就是如何生产出高质量的产品，以此来降低生产制造的废品率。为确保生产出来的零件性能符合要求且尺寸合格，必须对产品进行更为精确而严格的测量。三坐标测量机就是在这样的工业背景下出现，并迅速发展与日趋完善，它诠释了三维空间测量的技术，如今与三坐标测量机相关的产业也渐渐发展壮大起来。在利用三坐标测量机进行某些复杂零件的全自动检测时，往往单个测针不能满足测量要求，故要在测量时为测头更换不同的测针。

为实现三坐标测量机整个运行时期的全自动化，合理运用测头更换架会加快三坐标测量机的换针效率，减少人为操作，同时降低更换测针时测头与更换架相撞的概率。

国内外现今采用最多、运用最广的测头更换架为直线型，材料大多为陶瓷或碳化硅及高品质不锈钢，目的是让更换架有更高的稳定性，提高换针的重复性和更换架自身的寿命。直线型测头更换架可分为多种，有单层直线型（图 2-53）和阶梯双层直线型（图 2-54）等，以满足不同测针数量的要求。

图 2-53 单层直线型测头更换架

图 2-54　阶梯双层直线型测头更换架

（二）测头更换架的校验步骤

测头更换架安装好以后，需要进行校验才能正确使用，下面就以图 2-53 所示单层直线型测头更换架为例，介绍测头更换架的校验步骤，见表 2-37。

测头更换架的校验步骤

表 2-37　测头更换架的校验步骤

操作步骤	操作过程图示
1.定义测头更换架 测头更换架的进入路径：单击"编辑→"参数设置"→"测头更换架"命令	
2.进入到"测头更换架"对话框，设置好对话框中四个对应的参数后，单击"应用"按钮 1）激活测头更换架：选择当前需要激活的测头更换架 TYPE = LSPX5。如果有多个更换架，应分别设置 2）测头更换架数目：根据实际更换的数目设置更换架的数目，图 2-53 所示测头更换架数目为"1" 3）测头更换架类型（P）：在"测头更换架类型"的下拉菜单中，选择更换架的类型为"LSPX5/HR-XS" 4）停靠速度（D）：停靠速度是指测针运行到抓取前，抓取后的距离时，向库位靠近的速度。该速度不适宜过快，一般选择 30 ~ 50mm/s	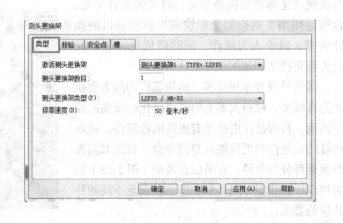

（续）

操作步骤	操作过程图示
3. 定义槽数 切换至"槽"选项卡，在"槽数（N）"栏填写槽（也称库位）实际数目，图 2-53 所示测头更换架的槽数是"3"	
4. 校验更换架 （1）激活要校验的测头文件　切换至"校验"选项卡，在"激活测头文件（A）"的下拉菜单中选择需要激活的测头文件，选择"完全校验"，单击"校验"按钮	a) 校验提示一
（2）确定测针入库的高度　根据图 a 的提示，单击"确定"按钮，按照图 b、图 c 的提示，用吸盘与测针结合的平面触碰槽位上表面，如图 d 所示，这一步骤的目的是确定更换测针时，测头松开测针的高度	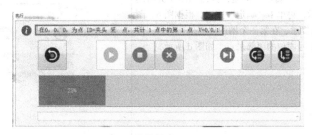b) 校验提示二 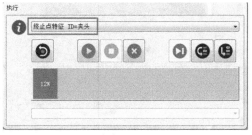c) 校验提示三

（续）

操作步骤	操作过程图示
	 d) 校验端面
	 a) 校验提示四 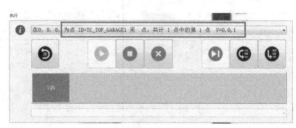 b) 校验提示五
（3）确定 3 个库位的位置　端面采完点后单击"确定"按钮，弹出如图 a 所示的提示，再单击"确定"按钮，根据图 b、图 c 的提示，在第一个槽的顶部采一个点，即在 1 号库位的顶部采点，如图 d 所示	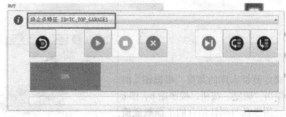 c) 校验提示六  d) 用测针在槽顶部采点

（续）

操作步骤	操作过程图示
5. 单击"确定"按钮后，根据提示依次在 1 号槽的左表面、前表面采一点，每采一点确认一次，采点位置如图 a、图 b 所示 重复以上步骤，依次按照提示，完成库位 2 与库位 3 的采点，确定库位 2 与库位 3 的位置	 a) 用测针在槽左边采点  b) 用测针在槽前面采点
6. 设置安全点 即设置每次测头更换前、后停留的位置，将测头移动到更换架前方的某一安全位置，单击"读取测量机位置"按钮，再单击"应用"按钮。有多个更换架时，可以分别为不同的更换架设置不同的安全点，一般是就近原则。每次更换测针时，测头抓取到测针后都会回到这个安全点的位置	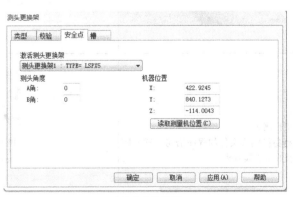 安全点参数设置

（续）

操作步骤	操作过程图示
7. 设置每个库位放置测头文件 按如图 a 所示，双击更换架 1 前面的"+"，在无测头处双击，将会弹出软件中已有的所有测头文件，选择需要放置的测头文件即可。单击图 a 中左下角的"编辑库位数据"按钮，弹出"测头更换架库位数据"对话框，设置测头更换架的库位数据，主要是设置"安全距离"，测头会在设置好的安全距离处，具体如图 b 所示	 a) 设置每库位的测头文件  b) 设置测头更换架库位数据
8. 激活测头 单击"操作"→"校验/编辑"→"激活测头"命令，弹出"测头定义"对话框，选择要激活的测头文件即可	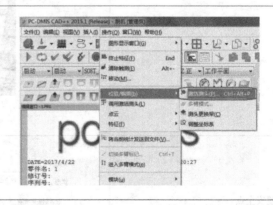
9. 更换测头 运行更换测头文件的程序语句，三坐标测量机自动更换测头	启动 =坐标系/开始,回调:使用_零件_设置,列表=是 坐标系/终止 模式/手动 逼近距离/1.2 回退距离/1.2 移动速度/45 格式/文本,选项, ,标题,符号, ;标称值,公差,测定值,偏差, 模式/自动 加载测头/1# 测尖/TIP1, 支撑方向 IJK=0, 0, 1, 角度=0 加载测头/2# 测尖/TIP1, 支撑方向 IJK=-1, 0, 0, 角度=0 加载测头/3# 测尖/TIP1, 支撑方向 IJK=0, 0, 1, 角度=0 END OF MEASUREMENT FOR PN=666　　　DWG=　　　SN= TOTAL # OF MEAS =0　# OUT OF TOL =0　# OF HOURS =00:

（三）在测针列表中添加新的测针

通过前面的步骤，已经完成了测头更换架的校验，在检测零件的过程中，应根据被检测零件的尺寸来选取不同尺寸的测针。如果需要用到的测针尺寸在软件原有的测针列表里面没有，那么应如何在软件的测针列表中添加一个新的测针尺寸呢？下面以添加红宝石球直径为 3.5mm、有效长度为 51mm 的测针为例，介绍在测针列表中添加新测针的操作步骤，具体见表 2-38。

表 2-38　在测针列表中添加新的测针

操作步骤	操作过程图示
1）打开 C 盘，找到 Program Files	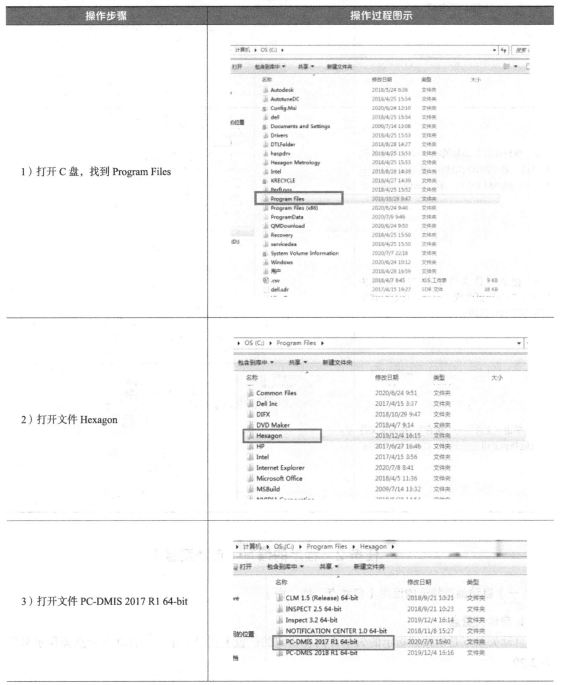
2）打开文件 Hexagon	
3）打开文件 PC-DMIS 2017 R1 64-bit	

（续）

操作步骤	操作过程图示
4）打开文件 PROBE.DAT	
5）找到和需要添加的测针尺寸相近的测针文件，如TIP3BY50MM，复制从"ITEM: TIP3BY50MM LEITZ1"到"endtip"的内容	ITEM:TIP3BY50MM LEITZ1 begintip ribcount 10 color 142 142 142 cylinder 0 0 0 0 -6 12 cone 0 0 -6 12 0 0 -11 2 cylinder 0 0 -11 0 0 -50 2 color 255 0 0 sphere 0 0 -50 3 hotspot 0 0 -50 0 0 1 3 3 ball endtip
6）把该测针文件中的"3"更改为"3.5"，"-50"更改成"-51"，其他的数字都不需要做任何的更改	ITEM:TIP 3.5 BY 51MM LEITZ1 begintip ribcount 10 color 142 142 142 cylinder 0 0 0 0 -6 12 cone 0 0 -6 12 0 0 -11 2 cylinder 0 0 -11 0 0 -51 2 color 255 0 0 sphere 0 0 -51 3.5 hotspot 0 0 -51 0 0 1 3.5 3.5ball Endtip
7）单击"文件"→"保存"，在测头文件中就能找到新设置的测针：TIP3.5BY51MM	测头说明： TIP3.5BY51MM LSPX5.3 GLOBAL不绘制 测尖号 1:TIP3.5BY51MM 确定 取消

任务 2　程序的编写（自动测量）

（一）自动测量特征的运用（自动点、线、面）

1. 自动矢量点

自动矢量点是指按照指定的矢量方向在指定的位置上测量一个点。自动矢量点操作示例见表 2-39。

表 2-39　自动矢量点操作示例

软件操作步骤	操作过程图示
1）单击"插入"→"特征"→"自动"→"点"→"矢量点"命令，弹出"自动特征 [点 1]"对话框，设置相关的参数后，单击"创建"按钮即可	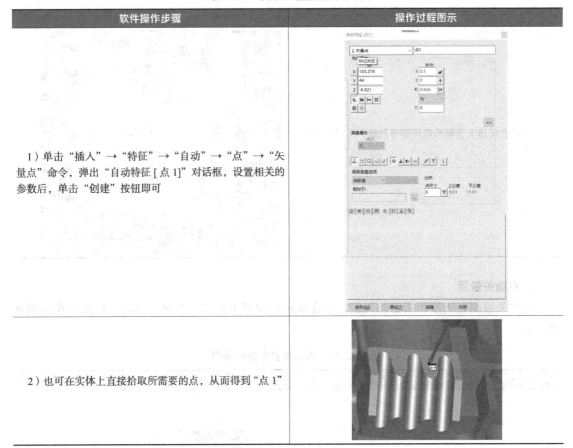
2）也可在实体上直接拾取所需要的点，从而得到"点 1"	

2. 自动矢量线

自动矢量线是指按照指定的矢量方向在指定的位置上测量一条直线。自动矢量线操作示例见表 2-40。

表 2-40　自动矢量线操作示例

软件操作步骤	操作过程图示
1）单击"插入"→"特征"→"自动"→"直线"命令，弹出"自动特征 [直线 1]"对话框，设置相关参数后，单击"创建"按钮即可	

（续）

软件操作步骤	操作过程图示
2）也可在实体上直接拾取所需要的线，从而得到"直线2"	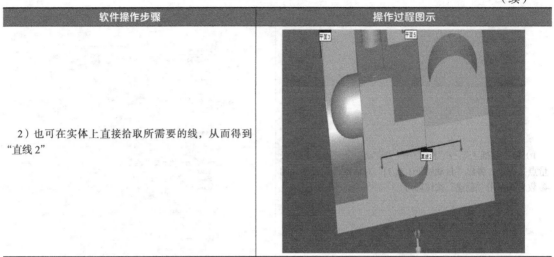

3. 自动矢量面

自动矢量面是指按照指定的矢量方向在指定的位置上测量一个面。自动矢量面操作示例见表 2-41。

表 2-41　自动矢量面操作示例

软件操作步骤	操作过程图示
1）单击"插入"→"特征"→"自动"→"平面"命令，弹出"自动特征 [平面 1]"对话框，设置相关参数后，单击"创建"按钮即可	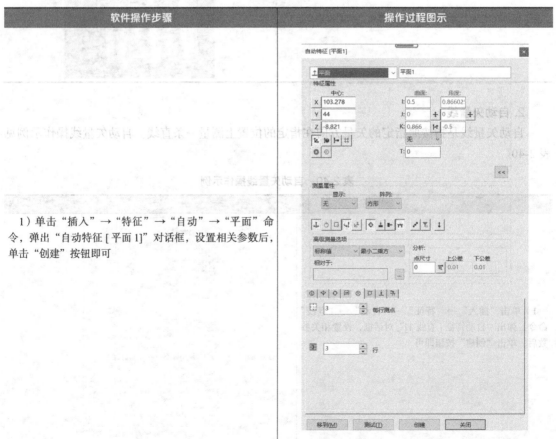

（续）

软件操作步骤	操作过程图示
2）也可在实体上直接拾取所需要的面，从而得到"平面 2"	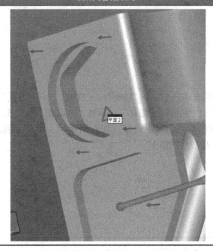

（二）构造特征组

"构造特征集合"对话框如图 2-55 所示，选择（或输入）特征组需要的所有特征，当单击"创建"按钮时，PC-DMIS 将计算所有输入质心的平均值，并显示带有新标识的特征组。

注：若选择的特征类型不当，则 PC-DMIS 会在状态栏上显示"无法构造 [特征]，不接受输入特征的组合"的提示信息。

构造特征组操作方法见表 2-42。

图 2-55 "构造特征集合"对话框

表 2-42 构造特征组操作方法

软件操作步骤	操作过程图示
1）使用仅点模式功能，得到一系列点	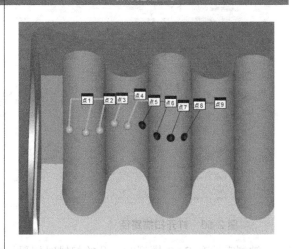

（续）

软件操作步骤	操作过程图示
2）单击"插入"→"特征"→"构造"→"设置"命令，弹出"构造特征集合"对话框，选取点1至点5，选取后点的颜色会发生改变，如右图所示。单击"创建"按钮，生成"扫描1"	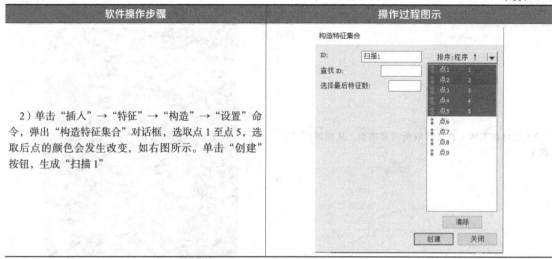

注：选择的点越多，越能够反映零件的真实情况。

（三）扫描（开线扫描、闭线扫描、截面扫描）

打开扫描路径：单击"插入"→"扫描"，选择扫描方式，如图2-56所示。

1. 开线扫描（Open Linear Scan）

开线扫描是最基本的扫描方式。测头从起始点开始，沿一定方向并按预定步长进行扫描，直至终止点。图2-57所示为"开线扫描"对话框。

PC-DMIS 开线扫描

图 2-56 打开扫描路径

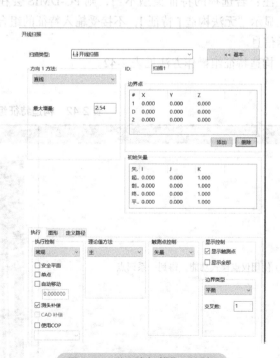

图 2-57 "开线扫描"对话框

被测零件有 CAD 模型时，开始扫描时用鼠标左键单击 CAD 模型的相应表面，PC-DMIS 程序将在 CAD 模型上生成一点并加标志"1",表示为扫描起始点;然后单击下一点定义扫描方向;最后单击终点(或边界点)并标志为"2",在"1"和"2"之间连线。对于每一所选点,PC-DMIS 均已在对话框中输入相应坐标值及矢量。确定步长及其他选项(如安全平面、单点等)后,单击"测量"按钮,然后单击"创建"按钮。

2. 闭线扫描(Closed Linear Scan)

闭线扫描方式允许扫描内表面或外表面,它只需要"起点"和"方向点"两个值,因为闭线扫描的起点和终止点是同一个点,所以可以省略终止点的设置。图 2-58 所示为"闭线扫描"对话框。

3. 截面扫描(Section Scan)

截面扫描方式仅适用于有 CAD 曲面模型的零件,它允许对零件的某一截面进行扫描,扫描截面既可沿 X、Y、Z 轴方向,也可与坐标轴成一定角度。图 2-59 所示为"截面扫描"对话框,通过定义步长可进行多个截面扫描,可在对话框中设置截面扫描的边界点。

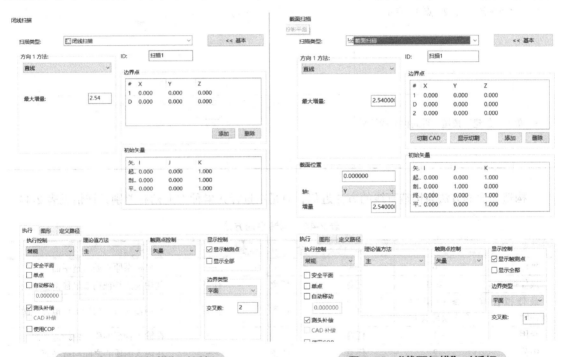

图 2-58 "闭线扫描"对话框　　　　图 2-59 "截面扫描"对话框

知识链接:

　　扫描类型与测量模式、测头类型以及是否有 CAD 文件等有关,控制屏幕上的"扫描"选项由状态按钮(手动/DCC)决定。若采用 DCC 方式测量,又有 CAD 文件,则可供选用的扫描方式有"开线""闭线""曲面""截面"和"周边";若采用 DCC 方式测量,而只有线框型 CAD 文件,则可选用"开线""闭线"和"曲面"扫描方式;若采用手动方式测量,则只能使用基本的"手动 TTP"方式;若采用手动方式测量并使用刚性测头,则可用选项为"固定间隔"。

（四）构造平面

使用最佳拟合重新补偿方式构造平面的操作步骤见表2-43。

表2-43 使用最佳拟合重新补偿方式构造平面

软件操作步骤	操作过程图示
1）在零件上测量出点1、点2、点3和点4	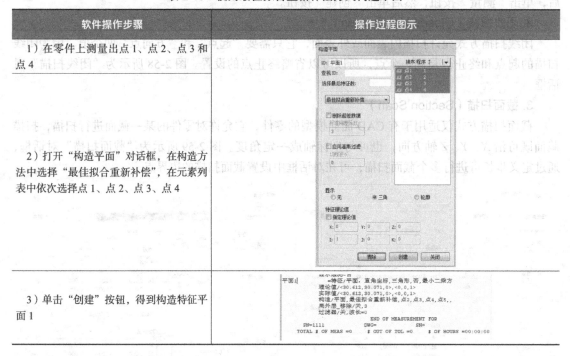
2）打开"构造平面"对话框，在构造方法中选择"最佳拟合重新补偿"，在元素列表中依次选择点1、点2、点3、点4	
3）单击"创建"按钮，得到构造特征平面1	

构造平面的方法与构造直线的方法近似，只是在选择元素种类上稍有差别，详情见表2-44。

表2-44 构造平面方法

方法	输入特征数	特征1	特征2	特征3	注释
坐标系	0	—	—	—	在坐标系原点处构造平面
最佳拟合	≥3	任意	任意	任意	利用输入特征构造最佳拟合平面
最佳拟合重新补偿	≥3（其中一个必须是点）	点	任意	任意	利用输入特征构造最佳拟合平面
套用	1	任意	—	—	在输入特征的质心处构造平面
中分面	2	任意	任意	—	在输入的质心之间构造平面
垂直	2	任意	任意	—	构造垂直于第一特征，且通过第二个特征的平面
平行	2	任意	任意	—	构造平行于第一特征，且通过第二个特征的平面
翻转	1	平面	—	—	利用翻转矢量构造通过输入特征的平面
高点	1个特征组（至少使用3个特征）或者1个扫描	如果输入为特征组，则使用任意特征；如果输入为扫描，则使用片区扫描	—	—	利用最高的可用点来构造平面
偏置	≥3	任意	任意	任意	构造偏置于每个输入特征的平面

任务3 公差评价及报告评价输出

（一）形状公差的评价

1. 单位长度的直线度评价

评价图 2-52 中尺寸序号③单位长度内的直线度公差，其操作步骤见表 2-45。

表 2-45 单位长度的直线度评价

软件操作步骤	操作过程图示
1）选择当前的工作平面为"Y–"，测出被测特征"直线 1"	
2）在菜单栏单击"插入"→"尺寸"→"直线度"命令，或从快捷工具栏中调出尺寸工具栏，单击"━━"直线度图标，弹出"直线度 形位公差"⊖对话框 3）在"特征控制框"的"特征"栏中选择"直线 1"，在特征控制框选项中勾选"每个单元"复选框，在特征控制框编辑器中第一行输入公差值为"0.05"，第二行输入公差值"0.02"和评价的单位长度"25"，单击"创建"按钮即可	

2. 单位面积的平面度评价

评价图 2-52 中尺寸序号⑩单位面积内的平面度公差，其操作步骤见表 2-46。

表 2-46 单位面积的平面度评价

软件操作步骤	操作过程图示
1）测出被测特征"平面 1"	

⊖ 形位公差即几何公差，此处为与软件一致用"形位公差"。

（续）

软件操作步骤	操作过程图示
2）在菜单栏单击"插入"→"尺寸"→"平面度"命令，或从快捷工具栏中调出尺寸工具栏，单击"□"平面度图标，弹出"平面度形位公差"对话框 3）在"特征控制框"的"特征栏"中选择"平面1"，在特征控制框选项中勾选"每个单元"复选框，在特征控制框编辑器中第一行输入公差值为"0.05"，第二行输入公差值"0.02"和单位面积"□ 25"，单击"创建"按钮即可	

知识链接：

1. 单位长度的直线度的应用

单位长度的直线度是指可用单位长度内的直线度来控制被测要素表面在较短长度内的突变，当应用单位长度控制被测要素的直线度时，一般应指定总的直线度公差。

如图2-60所示，当零件呈弓形，并以相同的曲率在长度方向延伸时，单位长度内的直线度永远相同，但总的直线度误差却很大。

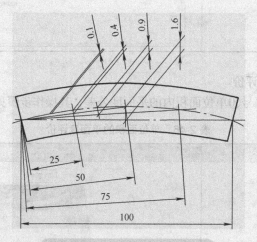

图2-60 弓形零件直线度变化

举例：解释图2-61所示直线度公差表达的含义。

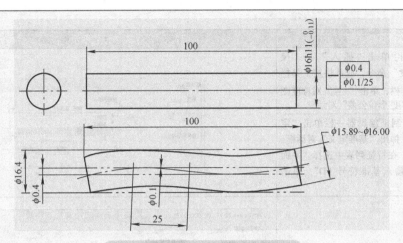

图 2-61　单位长度内的直线度示例

含义：表示该圆柱轴线总长度的直线度误差不超过 $\phi 0.4$mm，总长度中每 25mm 长度的直线度误差不超过 $\phi 0.1$mm。

2. 单位面积的平面度的应用

单位面积的平面度是指可用单位面积内的平面度来控制被测要素表面在小范围内的突变，当应用单位面积内的平面度时，一般应指定总的平面度公差。

举例：解释图 2-62 所示平面度公差表达的含义。

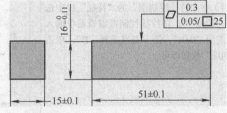

图 2-62　单位面积内的平面度示例

含义：表示该平面中任意 25mm×25mm 面积内的平面度误差不超过 0.05mm，整体的平面度误差不超过 0.3mm。

（二）位置公差的评价

1. 对称度评价

评价图 2-52 中尺寸序号⑨对称度公差，其操作步骤见表 2-47。

表 2-47　对称度评价操作步骤

软件操作步骤	操作过程图示
1）测出"平面 2"和"平面 3"，使用构造中分面得到基准 D"平面 4"，再测出"点 1"至"点 8"，使用构造特征组得到被测特征"扫描 1"	

（续）

软件操作步骤	操作过程图示
2）在菜单栏单击"插入"→"尺寸"→"对称度"命令，或从快捷工具栏中调出尺寸工具栏，单击"≡"对称度图标，弹出"对称度 形位公差"对话框 3）在特征控制框编辑器一栏单击"定义基准"按钮，弹出"基准定义"对话框，根据图样要求，在特征列表中选择"平面4"，在基准栏输入基准符号"D"，单击"创建"按钮	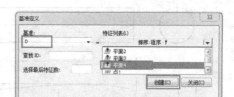
4）在"特征控制框"的"特征"栏中选择"扫描1"，在特征控制框编辑器中输入公差值"0.04"，第一基准选择"D"，单击"创建"按钮即可	

2. 复合位置度评价

评价图 2-52 中尺寸序号⑮复合位置度公差，其操作步骤见表 2-48。

表 2-48　复合位置度评价操作步骤

软件操作步骤	操作过程图示
1）分别测出基准 A"平面 5"、基准 B"平面 6"、基准 C"平面 7"和被测特征"柱体 1""柱体 2"	

（续）

软件操作步骤	操作过程图示
2）在菜单栏单击"插入"→"尺寸"→"位置度"命令，或从快捷工具栏中调出尺寸工具栏，单击"⊕"位置度图标，弹出"位置形位公差"对话框	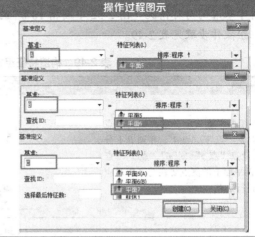
3）在特征控制框编辑器一栏单击"定义基准"按钮，弹出"基准定义"对话框，根据图样要求，在特征列表中选择"平面5"，在基准栏输入基准符号"A"，单击"创建"按钮；再在特征列表中选择"平面6"，在基准栏输入基准符号"B"，单击"创建"按钮；最后在特征列表中选择"平面7"，在基准栏输入基准符号"C"，单击"创建"按钮	
4）在特征栏中选择"柱体1"和"柱体2"，在特征控制框选项中勾选"复合"复选框，在特征控制框编辑器中，在第一行选择公差带形状"φ"，输入公差值"0.06"，选择公差修饰符号"Ⓜ"，第一基准选择"A"，第二基准选择"B"，第三基准选择"C"，在第二行选择公差带形状"φ"，输入公差值"0.02"，选择公差修饰符号"Ⓜ"，第一基准选择"A"，单击"创建"按钮即可	

知识链接：

（一）对称度相关知识

对称度是控制要素对称误差的几何公差，对称度主要是用来评价两个特征相对于一个基准的对称情况，所以对称度的评价首先要有一个基准，并且这个基准必须是直线或者平面。

如该项目中图2-52所示零件图，圆槽 $10^{+0.03}_{0}$ 对称度的基准 D 为特征平面2和平面3的中心平面，故可使用构造中分面得到，具体操作步骤如下：

1）在菜单栏单击"插入"→"特征"→"构造"→"平面"命令，或从快捷工具栏中调出构造特征工具栏，单击"👤"构造平面图标，弹出"构造平面"对话框。

2）在构造方法中选择"中分面"，在特征列表中选择"平面2"和"平面3"，单击"创建"按钮，得到"平面4"。

在PC-DMIS中，对称度主要用来计算一个点特征组相对于基准或者两条反向直线的特征组相对于基准的对称情况。图2-52中圆槽$10^{+0.03}_{0}$的对称度评价需要构造出点特征组来实现，构造特征组操作步骤见表2-49。

表2-49　构造特征组操作步骤

软件操作步骤	操作过程图示
1）在圆槽的平面A上分别测量矢量点"点1""点2""点3""点4"，平面B上分别测量矢量点"点5""点6""点7""点8"，注意两平面上的测点要在与之相对应的位置上进行采点	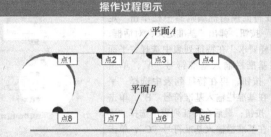
2）在菜单栏单击"插入"→"特征"→"构造"→"特征组"命令，弹出"构造特征集合"对话框，在特征列表中按顺序选择"点1""点8""点2""点7""点3""点6"，"点4""点5"，注意在选择时要按交替顺序进行，在A、B面上选择一对相应的点再选下一对相应的点，以此类推，单击"创建"按钮，得到"扫描1"	

（二）位置度相关知识

位置度公差可以理解为尺寸要素的中心点、中心线或中心平面允许偏离理论正确位置的区域，这个允许区域即为公差带。位置度有组合位置度和复合位置度，复合位置度和组合位置度的标注方式有所不同，它们对特征公差带的限制方式也有所不同。

1. 组合位置度

如图2-63所示，组合位置度公差框格的每一行都必须有位置度公差符号，上下两行可以看成是两个独立的位置约束，上下两行都用于控制方向和位置，每一行的参照基准不允许完全重复其他行的参照基准。组合位置度在PC-DMIS中的评价方式与一般位置度的评价方式相同，可以将上下两个标注当作两个位置度分开评价，也可以在PC-DMIS中使用独立的位置度评价选项来评价，如图2-64所示。

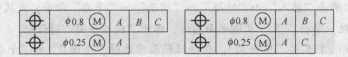

图2-63　组合位置度标注样式

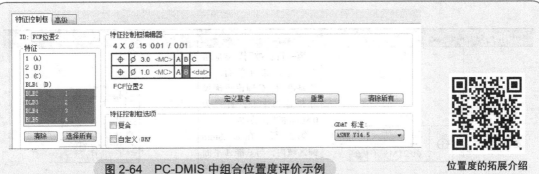

图 2-64　PC-DMIS 中组合位置度评价示例

位置度的拓展介绍

2. 复合位置度

如图 2-65 所示，复合位置度是美国 GD&T 标准（ASME Y14.5—2009）中所特有的一种标注方式，在 ISO 标准和我国相应国标中并没有"复合位置度"这种概念。复合位置度仅适用于成组的尺寸要素，其公差框格的特点是多行共用一个位置度符号，每一行公差值要比上一行公差值小；复合位置度可多行，最多不超过四行，上下行不是独立的，必须每一行检测都合格才算合格；第一行用于控制方向和位置，下行仅用于控制方向，没有定位功能；每一行基准必须重复上一行的基准，包括基准次序和状况符号。在 PC-DMIS 中评价复合位置度时，需要勾选"复合"复选框，然后选择元素和基准进行评价。

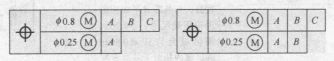

图 2-65　复合位置度标注样式

复合位置度与组合位置度标注内容相同但表达的含义可能有所不同，具体解读见表 2-50。

表 2-50　复合位置度与组合位置度标注内容的解读

位置度类型	位置度标注示例	含义解读	位置度公差带示意图
复合位置度	$\oplus$ ⌀0.8 (M) A B C / ⌀0.2 (M) A	第一行：被测要素应落在垂直基准 A 平面，距离基准 B、C 理论正确尺寸位置为中心，直径为 0.8mm 的圆区域内	
组合位置度	$\oplus$ ⌀0.8 (M) A B C / $\oplus$ ⌀0.2 (M) A	第二行：在 ⌀0.8mm 圆区域内，与基准 A 平面垂直，⌀0.2mm 圆区域允许在 ⌀0.8mm 圆区域内相对于基准 B、C 上下、左右方向移动、摆动	

（续）

位置度类型	位置度标注示例	含义解读	位置度公差带示意图
复合位置度	⊕ φ0.8 Ⓜ A B C ／ φ0.2 Ⓜ A B	第一行：被测要素应落在垂直基准A平面，距离基准B、C理论正确尺寸位置为中心，直径为0.8mm的圆区域内 第二行：在φ0.8mm圆区域内，与基准A平面垂直，与基准B平面平行，φ0.2mm圆区域允许在φ0.8mm圆区域内相对于基准B、C上下、左右方向移动	
组合位置度	⊕ φ0.8 Ⓜ A B C ／ ⊕ φ0.2 Ⓜ A B	第一行：被测要素应落在垂直基准A平面，距离基准B、C理论正确尺寸位置为中心，直径为φ0.8mm的圆区域内 第二行：在φ0.8mm圆区域内，与基准A平面垂直，与基准B平面相距理论正确尺寸，φ0.2mm圆区域允许在φ0.8mm圆区域内相对于基准B左右方向移动	

注：图中"□"符号中给的数值称为理论正确尺寸，是指当给出一个或一组要素的位置、方向或轮廓公差时，分别用来确定其理论正确位置、方向或轮廓的尺寸。由于理论正确位置、方向或轮廓是没有误差的，所以理论正确尺寸是没有公差的。

（三）公差原则相关知识

公差原则是处理尺寸公差与形状、位置公差之间相互关系的基本原则，它规定了确定尺寸公差和几何公差之间相互关系的原则。公差原则包括独立原则和相关要求，相关要求又包括包容要求、最大实体要求、最小实体要求和可逆要求。

1. 有关公差原则的术语及定义

（1）局部实际尺寸　局部实际尺寸是指在实际要素的任意正截面上，两对应点之间测得的距离。内表面的局部实际尺寸用 D_a 表示，外表面的局部实际尺寸用 d_a 表示，如图2-66所示。

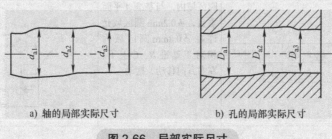

a) 轴的局部实际尺寸　　　　b) 孔的局部实际尺寸

图2-66　局部实际尺寸

（2）作用尺寸 作用尺寸是零件装配时起作用的尺寸，它是由要素的实际尺寸与其几何误差综合形成的。

根据装配时两表面包容关系的不同，作用尺寸分为体外作用尺寸和体内作用尺寸。

1）体外作用尺寸。体外作用尺寸是在被测要素的给定长度上，与实际内表面（孔）体外相接的最大理想面或与实际外表面（轴）体外相接的最小理想面的直径或宽度。其内表面和外表面的体外作用尺寸的代号分别用 D_{fe}、d_{fe} 表示，如图 2-67 所示。

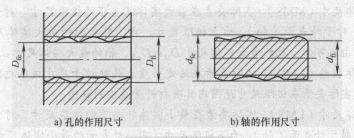

a) 孔的作用尺寸   b) 轴的作用尺寸

图 2-67 作用尺寸

体外作用尺寸实际上即为零件装配时起作用的尺寸，是由被测要素的实际尺寸和几何误差综合形成的。如图 2-68 所示，若零件没有形状误差，则其体外作用尺寸等于实际尺寸，否则，孔的体外作用尺寸小于该孔的最小局部实际尺寸，轴的体外作用尺寸大于该轴的最大局部实际尺寸。

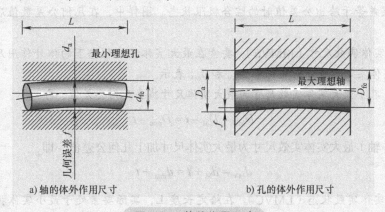

a) 轴的体外作用尺寸   b) 孔的体外作用尺寸

图 2-68 体外作用尺寸

由此可以推导出孔、轴的体外作用尺寸为

$$D_{fe} = D_a - f$$
$$d_{fe} = d_a + f$$

2）体内作用尺寸。体内作用尺寸是在被测要素的给定长度上，与实际内表面（孔）体内相接的最小理想面或与实际外表面（轴）体内相接的最大理想面的直径或宽度。其内表面和外表面的体内作用尺寸的代号分别用 D_{fi}、d_{fi} 表示，如图 2-67 所示。

体内作用尺寸实际上即为零件强度起作用的尺寸，也是由被测要素的实际尺寸和几何误差综合形成的。孔的体内作用尺寸大于该孔的最大局部实际尺寸，轴的体内作用尺寸小于该轴的最小局部实际尺寸。由此可以推导出孔、轴的体内作用尺寸为

$$D_{fi} = D_a + f$$

$$d_{\text{fi}} = d_{\text{a}} - f$$

（3）实体状态及其尺寸　当实际要素在尺寸公差范围内时，尺寸不同，零件所含有的材料量不同，装配时（或配合中）的松紧程度也不同，零件材料含量处于极限状态时即为实体状态，有最大实体和最小实体。

1）最大实体状态（MMC）。实际要素在给定长度上处处位于尺寸极限之内并具有实体最大时的状态，即实际要素在极限尺寸范围内具有材料量最多的状态。

2）最大实体尺寸（MMS）。实际要素在最大实体状态下的极限尺寸。对于内表面（孔），为下极限尺寸；对于外表面（轴），为上极限尺寸。内、外表面的最大实体尺寸分别用代号 D_{M} 和 d_{M} 表示。由此可知，孔的最大实体尺寸 $D_{\text{M}} = D_{\min}$，轴的最大实体尺寸 $d_{\text{M}} = d_{\max}$。

3）最小实体状态（LMC）。实际要素在给定长度上处处位于尺寸极限之内并具有实体最小时的状态，即实际要素在极限尺寸范围内具有材料量最少的状态。

4）最小实体尺寸（LMS）。实际要素在最小实体状态下的极限尺寸。对于内表面（孔），为上极限尺寸；对于外表面（轴），为下极限尺寸。内、外表面的最小实体尺寸分别用代号 D_{L} 和 d_{L} 表示。由此可知，孔的最小实体尺寸 $D_{\text{L}} = D_{\max}$，轴的最小实体尺寸 $d_{\text{L}} = d_{\min}$。

（4）实效状态及其尺寸　实效状态是指被测要素实体尺寸和该要素的几何公差综合作用下的极限状态。有最大实体实效和最小实体实效两种状态。

1）最大实体实效状态（MMVC）。在给定长度上，实际要素处于最大实体状态且其导出要素的几何误差等于给出公差值时的综合极限状态。图样中，在几何公差数值后面标注符号 Ⓜ表示。

2）最大实体实效尺寸（MMVS）。要素在最大实体实效状态下的体外作用尺寸。内、外表面的最大实体实效尺寸分别用符号 D_{MV} 和 d_{MV} 表示。

内表面（孔）最大实体实效尺寸为最大实体尺寸减去几何公差值，即

$$D_{\text{MV}} = D_{\text{M}} - t = D_{\min} - t$$

外表面（轴）最大实体实效尺寸为最大实体尺寸加上几何公差值，即

$$d_{\text{MV}} = d_{\text{M}} + t = d_{\max} + t$$

3）最小实体实效状态（LMVC）。在给定长度上，实际要素处于最小实体状态且其导出要素的几何误差等于给出公差值时的综合极限状态。图样中，在几何公差数值后面标注符号 Ⓛ表示。

4）最小实体实效尺寸（LMVS）。要素在最小实体实效状态下的体内作用尺寸。内、外表面的最小实体实效尺寸分别用符号 D_{LV} 和 d_{LV} 表示。

内表面（孔）最小实体实效尺寸为最小实体尺寸加上几何公差值，即

$$D_{\text{LV}} = D_{\text{L}} + t = D_{\max} + t$$

外表面（轴）最小实体实效尺寸为最小实体尺寸减去几何公差值，即

$$D_{\text{LV}} = d_{\text{L}} - t = d_{\min} - t$$

（5）边界　由设计给定的具有理想形状的极限包容面称为边界。边界的尺寸为极限包容面的直径或距离。对于内表面（孔）来说，其边界为一个具有理想形状的外表面（轴）；对于外表面（轴）来说，其边界为一个具有理想形状的内表面（孔），边界用于综合实际要素的尺寸和几何误差。根据零件的功能和经济性要求，可以给出以下边界。

1）最大实体边界（MMB）。尺寸为最大实体尺寸的边界，即 $D_M = D_{min}$、$d_M = d_{max}$，如图 2-69 所示。

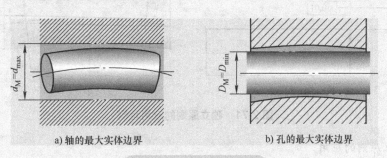

a) 轴的最大实体边界   b) 孔的最大实体边界

图 2-69 最大实体边界

2）最大实体实效边界（MMVB）。尺寸为最大实体实效尺寸的边界，即 $D_{MV} = D_{min} - t$、$d_{MV} = d_{max} + t$，如图 2-70 所示。

3）最小实体边界（LMB）。尺寸为最小实体尺寸的边界，即 $D_L = D_{max}$、$d_L = d_{min}$。

4）最小实体实效边界（LMVB）。尺寸为最小实体实效尺寸的边界，即 $D_{LV} = D_{max} + t$、$D_{LV} = d_{min} - t$。

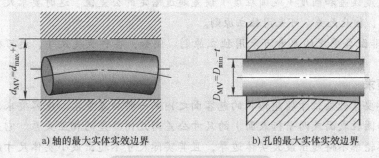

a) 轴的最大实体实效边界   b) 孔的最大实体实效边界

图 2-70 最大实体实效边界

2. 独立原则

图样上给定的每一个尺寸和形状公差、位置公差的要求均是独立的，应分别满足要求，即尺寸公差控制尺寸误差，几何公差控制几何误差，这是尺寸公差和几何公差相互关系遵循的基本原则。因为对于绝大多数产品零件，其功能对要素的尺寸公差和几何公差的要求均是独立的。

（1）独立原则的特点

1）尺寸公差仅控制要素的局部实际尺寸，不控制其几何误差。

2）给出的几何公差为定值，不随要素的实际尺寸的变化而变化。

3）采用独立原则时，在图样上未加注任何符号表示尺寸公差和几何公差的相互关系。

举例：如图 2-71 所示，图样上注出的尺寸要求为 $\phi 50^{+0.025}_{0}$ mm，仅限制轴的局部实际尺寸，即不管轴线怎样弯曲，各局部实际尺寸 d_a 只能在 $\phi 50 \sim \phi 50.025$ mm 范围内；同样，不论轴的实际尺寸如何变动，轴线直线度误差 f 不得超过 $\phi 0.01$ mm。

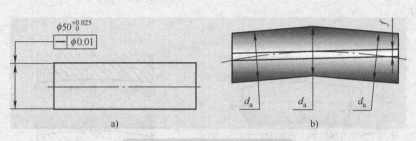

图 2-71 独立原则的应用示例

（2）独立原则的应用

1）对尺寸公差无严格要求，对几何公差有较高要求时可采用独立原则。例如，印刷机的滚筒，重要的是控制其圆柱度误差，以保证印刷时与纸面接触均匀，使图文清晰，而滚筒的直径大小对印刷质量没有影响。故可按独立原则给出圆柱度公差，而尺寸公差按一般公差处理，这样可获得最佳的技术经济效益。

2）为了保证运动精度要求时可采用独立原则。例如，当孔和轴配合后有轴向运动精度和回转精度要求时，除了给出孔和轴的直径公差外，还需给出直线度公差以满足轴向运动精度要求，给出圆度（或圆柱度）公差以满足回转精度要求，并且不允许随着孔和轴的实际尺寸变化而使直线度误差和圆度（或圆柱度）误差超过给定的公差值。这时要求尺寸公差和形状公差相互独立，彼此无关，可采用独立原则。

3）对于非配合要求的要素可采用独立原则。例如，各种长度尺寸、退刀槽、间距和圆角等。

3. 包容要求

为使实际要素处处位于理想形状的包容面之内的一种公差要求。包容要求只适用于处理单一要素（如圆柱表面或两平行表面）的尺寸公差与几何公差的相互关系。它是要求单一尺寸要素的实际轮廓不得超出最大实体边界，且其实际尺寸不超出最小实体尺寸的一种公差原则。根据包容要求，被测实际要素的合格条件如下：

对于内表面：$D_{fe} \geq D_M = D_{min}$ 且 $D_a \leq D_L = D_{max}$

对于外表面：$d_{fe} \leq d_M = d_{max}$ 且 $d_a \geq d_L = d_{min}$

采用包容要求的尺寸要素应在其尺寸的极限偏差或公差带代号之后加注符号ⓔ，如图 2-72a 所示。

（1）包容要求的特点

1）实际要素的体外作用尺寸不得超出最大实体尺寸。

2）当要素的实际尺寸处处为最大实体尺寸时，不允许有任何形状误差，即形状误差等于零。

3）当要素的实际尺寸偏离最大实体尺寸时，其偏离量可补偿给形状误差。

4）要素的局部实际尺寸不得超出最小实体尺寸。

由此可见，尺寸公差不仅限制了要素的实际尺寸，还控制了要素的形状误差。

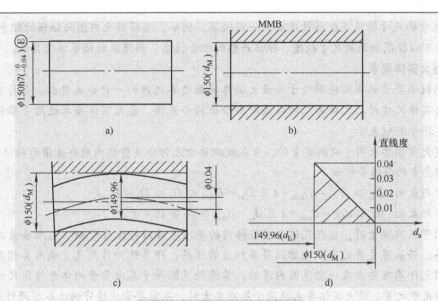

图 2-72 包容要求的应用示例

举例：如图 2-72 所示，实际轴应满足以下要求：①实际轴必须在最大实体边界之内，该理想边界为直径等于 $\phi 150$mm 的理想圆柱面孔，如图 2-72b 所示。

② 当轴的实际尺寸为最大实体尺寸 $\phi 150$mm 时，轴的直线度误差需为零，即该轴必须具有理想形状，如图 2-72b 所示。

③ 当轴的实际尺寸为最小实体尺寸 $\phi 49.96$mm 时，允许轴具有 $\phi 0.04$mm 的直线度误差，如图 2-72c 所示。

④ 轴的局部实际尺寸必须在 $\phi 149.96 \sim \phi 150$mm 之间。

表 2-51 列出了该轴处于不同实际尺寸时所允许的直线度误差值，与图 2-72d 相对应。

表2-51 包容要求的实际尺寸与允许的形状误差对应值

实际尺寸 /mm	允许的直线度误差值 /mm
$\phi 150$	$\phi 0$
$\phi 149.99$	$\phi 0.01$
$\phi 149.98$	$\phi 0.02$
$\phi 149.97$	$\phi 0.03$
$\phi 149.96$	$\phi 0.04$

（2）包容要求的应用

1）主要用于要求保证配合性质的场合。由于包容要求遵守最大实体边界（MMB），在间隙配合中，能保证预定的最小间隙，确保配合零件运转灵活，延长使用寿命；在过盈配合中，能保证预定的最大过盈，控制过盈量以避免连接材料超过其强度极限而被破坏。

2）用于配合精度要求较高的场合。包容要求中要素的实际尺寸必须偏离最大实体尺寸，以确保实际中有一定的形状误差，即形状公差必须从尺寸公差中分割出一定的公差值。因而包容要求中的尺寸精度及配合精度要求一般较高。例如，滚动轴承内圈与轴颈的配合，采用包容要求可以提高轴颈的尺寸精度，保证严格的配合性质，确保滚动轴承运转灵活。

4. 最大实体要求

控制被测要素的实际轮廓处于其最大实体实效边界之内的一种公差要求。当其实际尺寸偏离最大实体尺寸时，允许其几何误差超出给出的公差值。最大实体要求适用于零件的导出要素，其符号用Ⓜ表示。

当最大实体要求用于被测要素时，应在被测要素几何公差框格内的公差值后标注符号Ⓜ，被测实际要素的合格条件如下：

对于内表面：$D_{fe} \geq D_{MV} = D_{min} - t$ 且 $D_M = D_{min} \leq D_a \leq D_L = D_{max}$

对于外表面：$d_{fe} \leq d_{MV} = d_{max} + t$ 且 $d_M = d_{max} \geq d_a \geq d_L = d_{min}$

当用于基准要素时，应在几何公差框格内的基准字母后标注符号Ⓜ，基准要素应遵守相应的边界。若基准要素的实际轮廓偏离其相应的边界，即其体外作用尺寸偏离其相应的边界尺寸，则允许基准要素在一定范围内浮动，其浮动范围等于基准要素的体外作用尺寸与其相应的边界尺寸之差。最大实体要求应用于基准要素时，基准要素应遵守的边界有两种情况：

① 基准要素本身采用最大实体要求时，应遵守最大实体实效边界，此时，基准符号应直接标注在形成该最大实体实效边界的几何公差框格下面。

② 基准要素本身不采用最大实体要求时，应遵守最大实体边界，此时，基准符号应标注在基准的尺寸线处，连线与尺寸线对齐。

（1）最大实体要求的特点

1）被测要素遵守最大实体实效边界，即被测要素的体外作用尺寸不超过最大实体实效尺寸。

2）当被测要素的局部实际尺寸处处均为最大实体尺寸时，允许的几何误差为图样上给定的几何公差值。

3）当被测要素的实际尺寸偏离最大实体尺寸时，其偏离量可补偿给几何公差，允许的几何误差为图样上给定的几何公差值与偏离量之和。

4）实际尺寸必须在最大实体尺寸和最小实体尺寸之间变化。

举例：如图 2-73a 所示，$\phi 50^{+0.13}_{0}$ mm 孔的轴线对基准面 A 的垂直度公差采用最大实体要求，当被测要素处于最大实体状态时，其轴线对基准面 A 的垂直度公差为 $\phi 0.08$mm，则孔的实体实效尺寸为

$$D_{MV} = D_M - t = 50mm - 0.08mm = 49.92mm$$

孔遵守的最大实体实效边界是一个直径为 49.92mm 的理想圆柱面（轴），如图 2-73b 所示，该孔应满足下列要求：

① 当孔的实际尺寸为最大实体尺寸 $\phi 50$mm 时，允许孔的轴线对基准面 A 的垂直度误差为图样上给定的公差值 $\phi 0.08$mm，如图 2-73b 所示。

② 当孔的实际尺寸为最小实体尺寸 $\phi 50.13$mm 时，允许孔的轴线对基准面 A 的垂直度误差达到最大值，即图样上给定的垂直度公差 $\phi 0.08$mm 与尺寸公差 0.13mm 之和 $\phi 0.21$mm，如图 2-73c 所示。

③ 实际尺寸必须在 $\phi 50 \sim \phi 50.13$mm 之间变化。

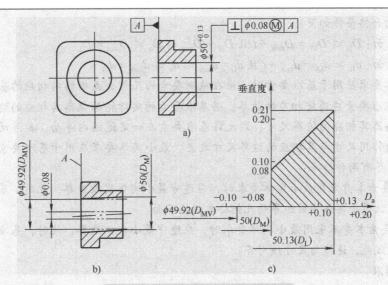

图2-73 最大实体要求的应用示例

表2-52列出了该孔处于不同实际尺寸时所允许的垂直度误差值,与图2-73c相对应。

表2-52 最大实体要求的实际尺寸与允许的几何误差对应值

实际尺寸 /mm	允许的垂直度误差值 /mm
$\phi 50$	$\phi 0.08$
$\phi 50.01$	$\phi 0.09$
$\phi 50.02$	$\phi 0.10$
$\phi 50.13$	$\phi 0.21$

（2）最大实体要求的应用

1）用于零件尺寸精度和几何精度较低、配合性质要求不严的情况。最大实体要求与包容要求相比,实际要素的几何公差可以不分割尺寸公差值,因而在相同尺寸公差的前提下采用最大实体要求的实际尺寸精度更低些;对于几何公差而言,尺寸公差可以补偿几何公差,允许的最大几何误差等于图样给定的几何公差与尺寸公差之和。总之,与包容要求相比,可得到较大的尺寸制造公差和几何制造公差,具有良好的工艺性和经济性。

2）主要用于要求保证自由装配的情况。采用最大实体要求,遵守最大实体实效边界,在一定条件下扩大了几何公差,极大地满足其可装配性,提高零件合格率,减少浪费,降低成本。例如,盖板、箱体及法兰盘孔系的位置度采用最大实体要求。

5. 最小实体要求

控制被测要素的实际轮廓处于其最小实体实效边界之内的一种公差要求。当其实际尺寸偏离最小实体尺寸时,允许其几何误差值超出其给出的公差值。最小实体要求适用于零件的导出要素,其符号用⑤表示。

当最小实体要求应用于被测要素时,应在被测要素的几何公差框格中的公差值后标注符号⑥,被测要素的实际轮廓在给定长度上处处不得超出最小实体实效边界,即其体内作用尺寸不能超出最小实体实效尺寸,且其局部实际尺寸在最大实体尺寸和最小实体尺寸之间。被测实际要素的合格条件如下：

对于内表面：$D_{fi} \leq D_{LV} = D_{max} + t$ 且 $D_M = D_{min} \leq D_a \leq D_{max} = D_L$

对于外表面：$d_{fi} \geq d_{LV} = d_{min} - t$ 且 $d_L = d_{min} \leq d_a \leq d_{max} = d_M$

最小实体要求应用于基准要素时，应在被测要素的几何公差框格内相应的基准字母后标注符号Ⓛ，基准要素应遵守相应的边界。若基准要素的实际轮廓偏离其相应的边界，即其体内作用尺寸偏离其相应的边界尺寸，则允许基准要素在一定范围内浮动，其浮动范围等于基准要素的体内作用尺寸与其相应的边界尺寸之差。最小实体要求应用于基准要素时，基准要素应遵守的边界有两种情况：

① 基准要素本身采用最小实体要求时，应遵守最小实体实效边界，此时，基准符号应直接标注在形成该最小实体实效边界的几何公差框格下面。

② 基准要素本身不采用最小实体要求时，应遵守最小实体边界，此时，基准符号应标注在基准的尺寸线处，连线与尺寸线对齐。

6. 可逆要求

可逆要求是在不影响零件功能的前提下，几何公差可以补偿尺寸公差，即被测实际要素的几何误差值小于给出的几何公差值时，允许相应的尺寸公差增大，从而在一定程度上降低了零件的废品率。可逆要求是最大实体要求或最小实体要求的附加要求，可逆要求只能应用于被测要素，不能应用于基准要素。

可逆要求用于最大实体要求时，应在被测要素的几何公差框格中的公差值后标注符号"ⓂⓇ"。可逆要求用于最小实体要求时，应在被测要素的几何公差框格中的公差值后标注符号"ⓁⓇ"。

（三）形状或位置公差的评价

1. 线轮廓度的评价

评价图 2-52 中尺寸序号⑤线轮廓度公差，其操作步骤见表 2-53。

PC-DMIS 位置度和
轮廓度评价

表 2-53 线轮廓度评价操作步骤

软件操作步骤	操作过程图示
1）测出被测特征"扫描 2"	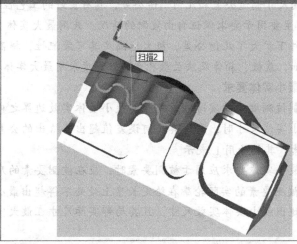

（续）

软件操作步骤	操作过程图示
2）在菜单栏单击"插入"→"尺寸"→"线轮廓度"命令，或从快捷工具栏中调出尺寸工具栏，单击"⌒"线轮廓度图标，弹出"线轮廓度 形位公差"⊖对话框 3）在特征栏中选择"扫描2"，在特征控制框编辑器中输入公差值"0.05"，单击"创建"按钮即可	

2. 面轮廓度的评价

评价图 2-52 中尺寸序号⑱面轮廓度公差，其操作步骤见表 2-54。

表 2-54　面轮廓度评价操作步骤

软件操作步骤	操作过程图示
1）测出被测特征"扫描3"	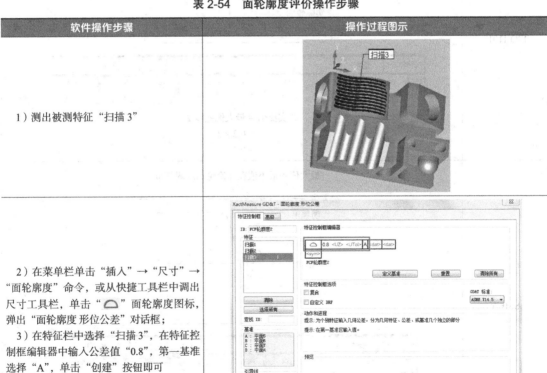
2）在菜单栏单击"插入"→"尺寸"→"面轮廓度"命令，或从快捷工具栏中调出尺寸工具栏，单击"◠"面轮廓度图标，弹出"面轮廓度 形位公差"对话框； 3）在特征栏中选择"扫描3"，在特征控制框编辑器中输入公差值"0.8"，第一基准选择"A"，单击"创建"按钮即可	

⊖ 形位公差即几何公差，此处为与软件一致称为形位公差。

知识链接：

PC-DMIS 在轮廓度评价中提供了 ISO 1101 和 ASME Y14.5 两种标准，选择不同的标准评价结果会略有不同，其主要区别在于评价结果中测量值和超差值的不同，下面进行详细的对比解释。

（1）这两种标准计算测量值的区别（见表 2-55）

1）ISO 1101（仅形状\形状和位置计算方式相同）：使用最大偏差的两倍来计算测量值。

2）ASME Y14.5（仅形状\形状和位置计算方式相同）：将测量值的计算分为最大值、最小值、最大值和最小值的差三种形式。当最大值和最小值位于理论轮廓同侧时，ASME 取极值（最大值和最小值中绝对值最大的）作为测量值；当最大值和最小值位于理论轮廓两侧时，ASME 取最大值和最小值的差作为测量值。

表 2-55　ISO 1101 与 ASME Y14.5 两种标准计算测量值的区别

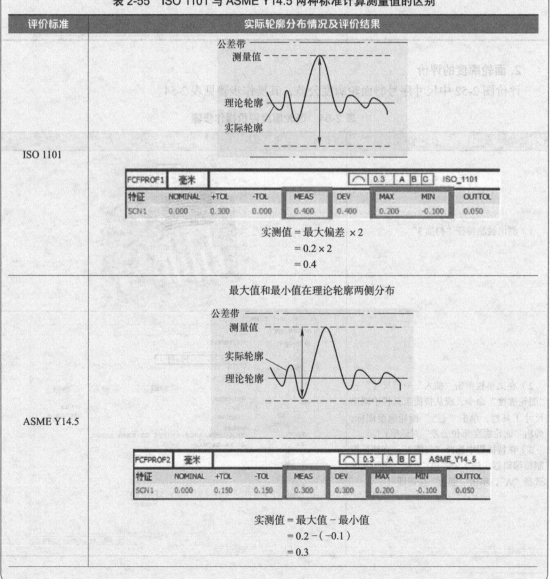

评价标准	实际轮廓分布情况及评价结果
ISO 1101	（图示：公差带、测量值、理论轮廓、实际轮廓） FCFPROF1　毫米　⌒ 0.3　A B C　ISO_1101 特征 NOMINAL +TOL -TOL MEAS DEV MAX MIN OUTTOL SCN1 0.000 0.300 0.000 0.400 0.400 0.200 -0.100 0.050 实测值 = 最大偏差 × 2 = 0.2 × 2 = 0.4
ASME Y14.5	最大值和最小值在理论轮廓两侧分布 （图示：公差带、测量值、实际轮廓、理论轮廓） FCFPROF2　毫米　⌒ 0.3　A B C　ASME_Y14_5 特征 NOMINAL +TOL -TOL MEAS DEV MAX MIN OUTTOL SCN1 0.000 0.150 0.150 0.300 0.300 0.200 -0.100 0.050 实测值 = 最大值 − 最小值 = 0.2 − (−0.1) = 0.3

（续）

评价标准	实际轮廓分布情况及评价结果
ASME	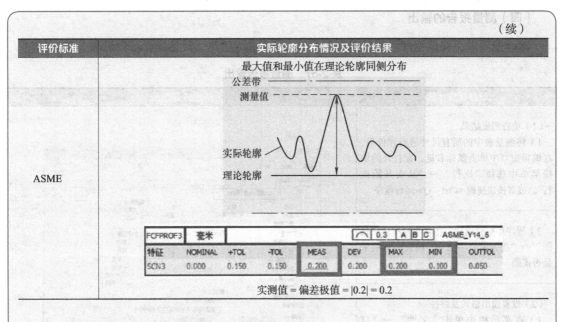 最大值和最小值在理论轮廓同侧分布 公差带 测量值 实际轮廓 理论轮廓 实测值 = 偏差极值 = |0.2| = 0.2

（2）这两种标准计算超差值的区别（见表2-56）

1）ISO 1101 仅形状：超差值 = 测量值 - 公差

ISO 1101 形状和位置：超差值 = 最大值 - （公差/2）

2）ASME Y14.5（仅形状\形状和位置计算方式相同）：超差值 = 最大值 - （公差/2）。

表 2-56 ISO 1101 与 ASME Y14.5 两种标准计算超差值的区别

评价标准	评价结果
ISO 1101	**仅形状轮廓度评价** FCFPROF5 毫米 ⌒ 0.3 ISO_1101 LEAST_SQR 关于 Z正 特征 NOMINAL +TOL -TOL MEAS DEV MAX MIN OUTTOL SCN1 0.000 0.300 0.000 0.400 0.400 0.200 -0.100 0.100 超差值 = 测量值 - 公差 = 0.4 - 0.3 = 0.1 **形状和位置轮廓度评价** FCFPROF1 毫米 ⌒ 0.3 A B C ISO_1101 特征 NOMINAL +TOL -TOL MEAS DEV MAX MIN OUTTOL SCN1 0.000 0.300 0.000 0.400 0.400 0.200 -0.100 0.050 超差值 = 最大值 - （公差/2）= 0.2 - (0.3/2) = 0.05
ASME Y14.5	**仅形状轮廓度评价** FCFPROF4 毫米 ⌒ 0.3 ASME_Y14_5 LEAST_SQR 关于 Z 特征 NOMINAL +TOL -TOL MEAS DEV MAX MIN OUTTOL SCN1 0.000 0.300 0.000 0.300 0.300 0.200 -0.100 0.050 超差值 = 最大值 - （公差/2）= 0.2 - (0.3/2) = 0.05 **形状和位置轮廓度评价** FCFPROF2 毫米 ⌒ 0.3 A B C ASME_Y14_5 特征 NOMINAL +TOL -TOL MEAS DEV MAX MIN OUTTOL SCN1 0.000 0.150 0.150 0.300 0.300 0.200 -0.100 0.050 超差值 = 最大值 - （公差/2）= 0.2 - (0.3/2) = 0.05

（实际轮廓分布情况图中的 FCF 表格内容）

FCFPROF3 毫米 ⌒ 0.3 A B C ASME_Y14_5
特征 NOMINAL +TOL -TOL MEAS DEV MAX MIN OUTTOL
SCN3 0.000 0.150 0.150 0.200 0.200 0.200 0.100 0.050

（四）测量报告的输出

按企业要求，将该零件的测量报告以 Excel 格式进行输出，具体操作步骤见表 2-57。

表 2-57　测量报告输出

软件操作步骤	操作过程图示
（1）检查测量结果 1）将测量表中的所有尺寸进行评价后，在编辑窗口中单击鼠标右键，在打开的快捷菜单中选择"执行"→"从头开始执行"，或者按快捷键 <Ctrl + Q> 运行程序 2）程序运行完成后，在菜单栏单击"视图"→"报告窗口"命令，检查测量结果是否正确 （2）设置输出格式及路径 1）在菜单栏中单击"文件"→"打印"→"报告窗口打印设置"命令，弹出"输出配置"对话框 2）在"输出配置"对话框中切换至"Excel"选项卡，勾选"Excel 输出"，单击" ⋯ "按钮定义输出路径，再单击"确定"按钮	
（3）保存测量报告　在菜单栏中单击"文件"→"打印"→"报告窗口打印"命令，或在报告窗口的工具栏中直接单击"🖶"图标，测量报告就会保存在刚才输出路径指定的文件中